Adobe Firefly
設計魔法師
Photoshop × Illustrator × Adobe Express
生成式 AI 全攻略

感謝您購買旗標書，
記得到旗標網站
www.flag.com.tw
更多的加值內容等著您…

<請下載 QR Code App 來掃描>

- FB 官方粉絲專頁：旗標知識講堂
- 旗標「線上購買」專區：您不用出門就可選購旗標書！
- 如您對本書內容有不明瞭或建議改進之處，請連上旗標網站，點選首頁的 聯絡我們 專區。

若需線上即時詢問問題，可點選旗標官方粉絲專頁留言詢問，小編客服隨時待命，盡速回覆。

若是寄信聯絡旗標客服 email，我們收到您的訊息後，將由專業客服人員為您解答。

我們所提供的售後服務範圍僅限於書籍本身或內容表達不清楚的地方，至於軟硬體的問題，請直接連絡廠商。

學生團體　訂購專線：(02)2396-3257 轉 362
　　　　　傳真專線：(02)2321-2545

經銷商　服務專線：(02)2396-3257 轉 331
　　　　將派專人拜訪
　　　　傳真專線：(02)2321-2545

國家圖書館出版品預行編目資料

Adobe Firefly 設計魔法師：Photoshop x Illustrator x Adobe Express 生成式 AI 全攻略 / 施威銘研究室作. -- 臺北市：旗標科技股份有限公司, 2024.06

面； 公分

ISBN 978-986-312-800-7 (平裝)

1.CST: 人工智慧　2.CST: 電腦繪圖
3.CST: 數位影像處理

312.83　　113008404

作　　者／施威銘研究室

發 行 所／旗標科技股份有限公司

台北市杭州南路一段15-1號19樓

電　　話／(02)2396-3257(代表號)

傳　　真／(02)2321-2545

劃撥帳號／1332727-9

帳　　戶／旗標科技股份有限公司

監　　督／陳彥發

執行企劃／林佳怡

執行編輯／林佳怡

美術編輯／林美麗

封面設計／林美麗

校　　對／林佳怡

新台幣售價：499 元

西元 2024 年 6 月 初版

行政院新聞局核准登記-局版台業字第 4512 號

ISBN 978-986-312-800-7

序

隨著 AI 繪圖的熱度不斷提升，有愈來愈多的創作者使用生成式 AI 來創作影像，最大的好處是可以節省找素材、後製合成的時間，而且只要用日常語言描述想要創造的畫面，就能快速實現腦海中的創意。

雖然市面上有不少 AI 繪圖工具，但有些影像生成式 AI 在訓練模型時，使用了受著作權保護的影像，因此在商業使用上會有爭議，為了避免這些困擾，Adobe Firefly 採用 Adobe Stock 中獲得授權的影像來訓練 Firefly 模型，生成後的影像也能用於商業用途。

Adobe 的 Firefly 模型，不只可以透過網頁瀏覽器來操作、使用，還內嵌到 Photoshop、Illustrator、Adobe Express 等相關應用程式裡，你可以天馬行空描述想創作的影像，也可以無限地擴大影像內容，更令人驚艷的是可以**生成向量圖形**、利用**模型**功能將設計圖稿與實體商品融合。後續還計劃加入 3D、影片和動畫等生成技術，讓使用者能玩轉、創造非凡的體驗！

生成式 AI 不斷地推陳出新，最新的 Adobe Firefly Image 3 Model，已經可以創作出高品質的影像、更棒的畫面構圖、更逼真的細節，就連光影的呈現也有大幅的躍進。產生的影像也符合現實狀況，不會有六隻手指頭、兩個腦袋、眼歪嘴斜的狀況發生。本書所介紹的功能及畫面以 2024 年 6 月所發佈的版本為主，由於 Firefly 及 Photoshop、Illustrator、Adobe Express 不斷增加及提升功能，您看到的畫面可能會與書中略有不同，不過基本的操作方法是一樣的，不用感到太擔心。

施威銘研究室

2024.06.17

1 生成式人工智慧與 Adobe Firefly

2 Adobe Firefly Web 版

Adobe Firefly 與 Photoshop 整合應用

Adobe Firefly 與 Illustrator 整合應用

5

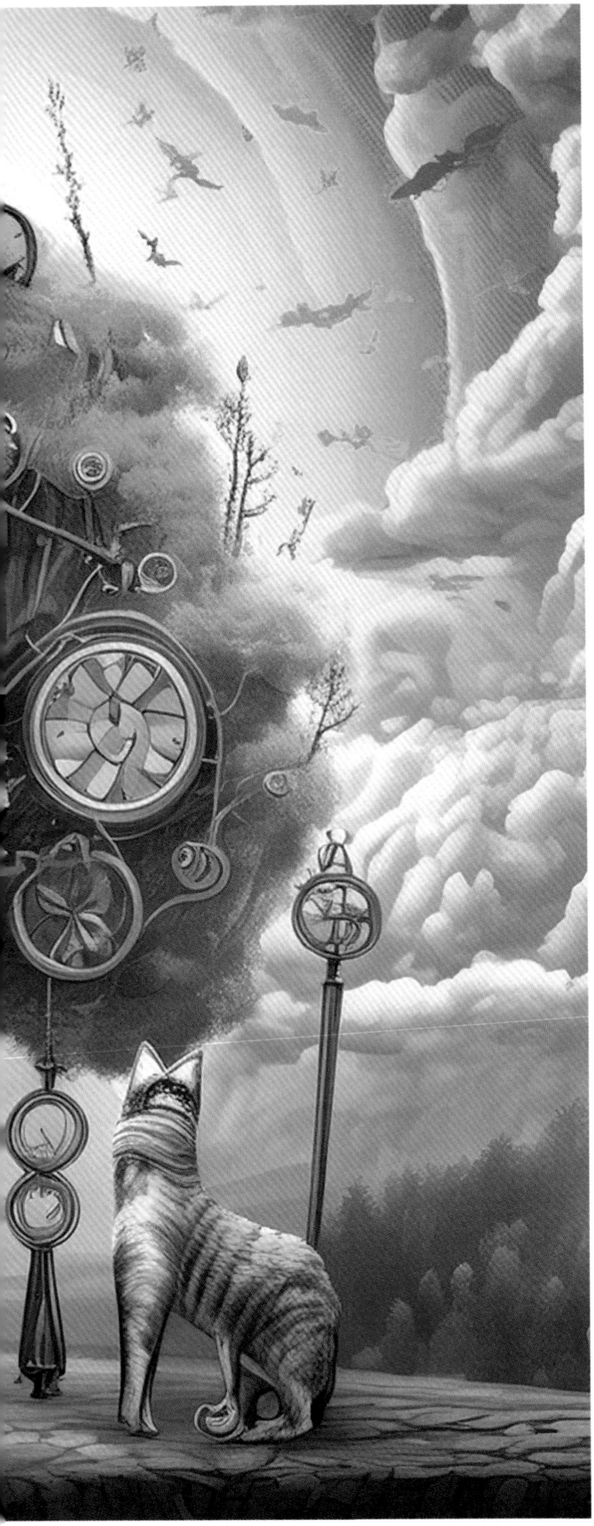

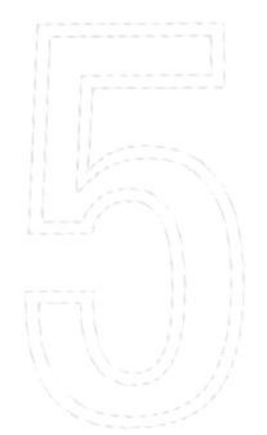

Adobe Firefly 與 Express 整合應用

生成式人工智慧與 Adobe Firefly

1

Unit

01

認識生成式人工智慧

由於 ChatGPT 的崛起，一些原本需要專業背景才能完成的任務，在**生成式人工智慧** (Generative AI) 的輔助下變得容易，各種工作型態都可能隨之改變！所以開始有人擔心工作是不是會被人工智慧取代，事實上如果深入了解人工智慧的優點、缺點，就不會感到恐懼了！反而可以利用 AI 來提高工作效率。

認識生成式人工智慧

生成式人工智慧 (Generative Artificial Intelligence 或稱 Generative AI)，後文簡稱為**生成式 AI**，是一種可以產生文字、影像、影片、音樂等各種內容的人工智慧。它不僅能夠學習資料的模式和結構，還能夠創造出新的資料。這種方法已經在各個領域有顯著的進展，包括自然語言處理、音訊處理等。透過與深度學習的結合、生成式 AI 已經成為人們探索創造性、藝術性和創新性的強大工具。

生成式 AI 的種類

生成式 AI 是經過大量資料集的訓練，根據學習的內容得出結論，並依照使用者的描述產生新的內容。依產生的內容，可以分成以下幾種：

文字生成式 AI

文字生成式 AI 透過學習大量的資料，可以模仿人類的語言能力，產生各種類型文字，其應用非常廣泛，例如創作出短篇小說、文章、新聞、詩詞、聊天對話，甚至可以順暢地翻譯，比對文章或是撰寫程式。最具代表性的工具就是 OpenAI 的「ChatGPT」及 Google 的「Bard」(2024 年更名為 Gemini)。

影像生成式 AI

影像生成式 AI 可根據輸入的「提示」(prompt) 產生新影像。影像生成式 AI 可用來製作網站、海報、背景、…等素材，只要發揮想像力就能創作出各種天馬行空的作品，大幅提升影像合成的效率。藝術家和設計師可以用生成式 AI 嘗試構思作品，節省重複處理影像的時間。而行銷人員也可以快速製作出精美的影像。

目前影像生成式 AI，除了 Adobe 的 Firefly 之外，還有知名的「Stable Diffusion」、「Midjourney」及「DALL.E2」。

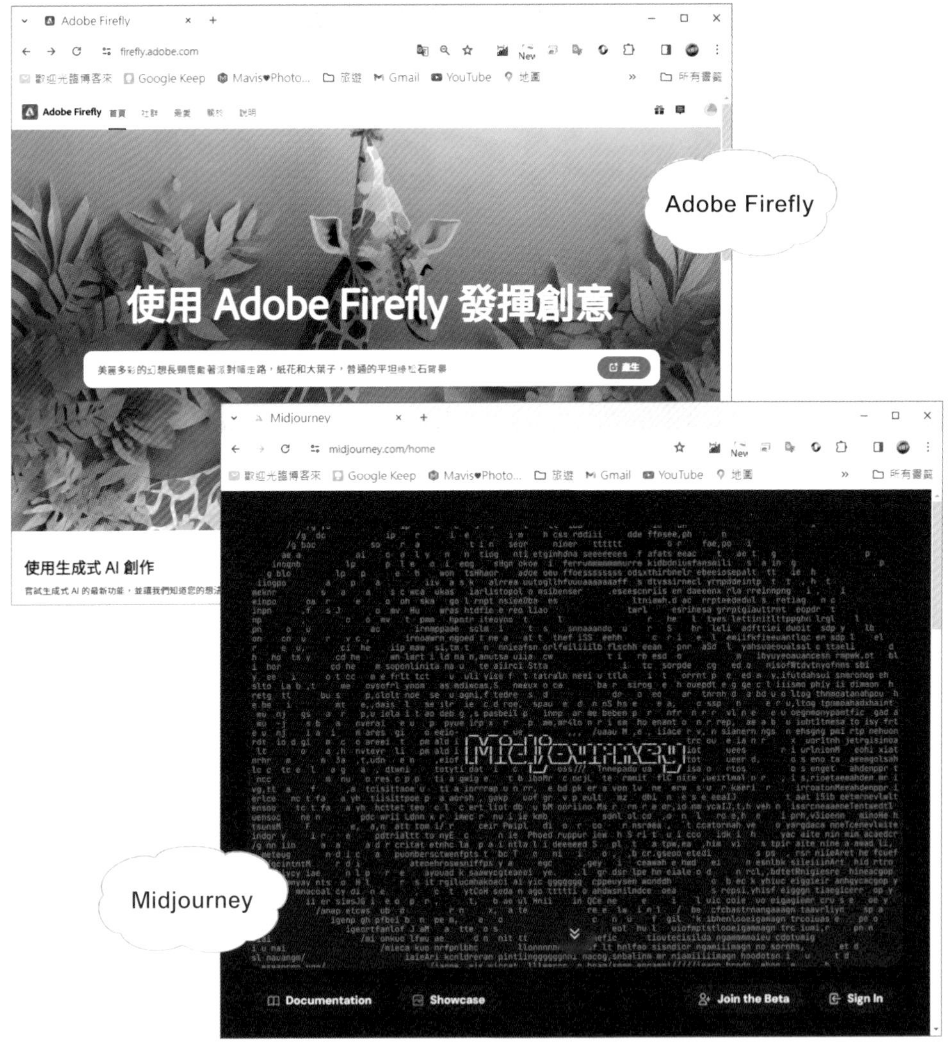

影片生成式 AI

影片生成式 AI 結合了影片、聲音與影像這三種形式，經過音訊、影片和文字的資料訓練，可以根據使用者的需求來產生影片。雖然目前產生的影片只有幾秒鐘的時間，不過大家對於此技術發展仍抱有很大的期待。主要的影片生成工具有 Runway 的「Gen-2」。而 Adobe 在 Firefly 網站上也推出預告，即將提供影片生成的服務。

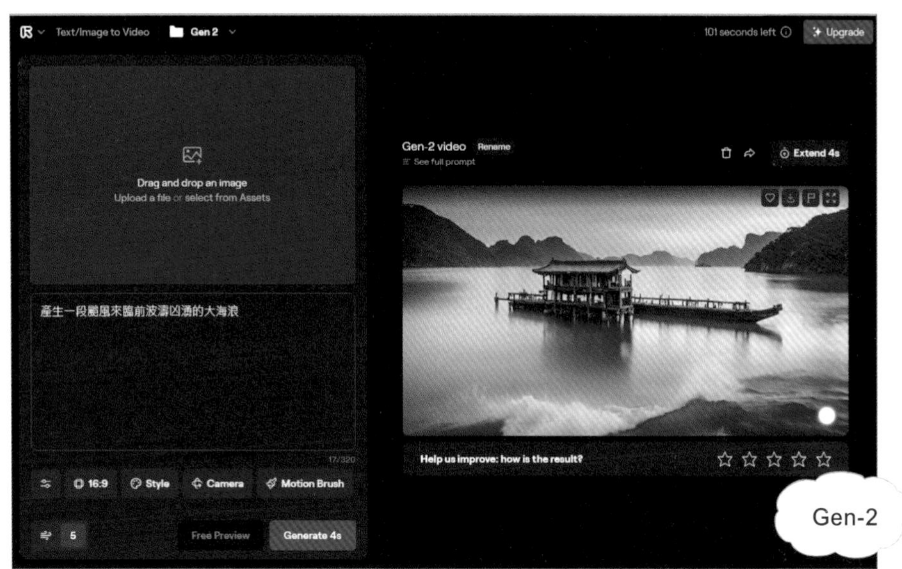

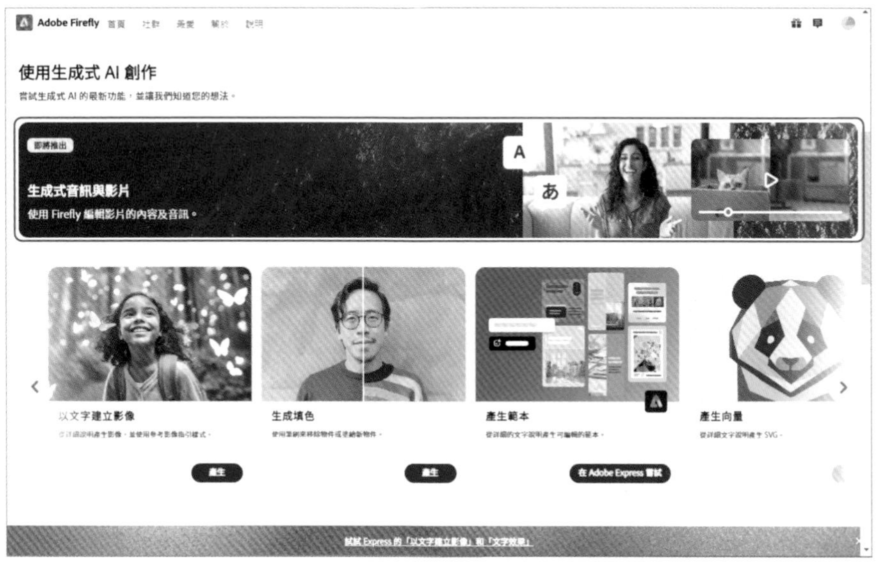

▲ Adobe Firefly 預告即將推出影片及音訊的生成服務

音樂生成式 AI

音樂生成式 AI 使用演算法等 AI 技術，分析現有的音樂作品、學習音樂的元素，透過操作者的參數調控，讓電腦自動產生音樂作品，像是音樂片段、旋律或是和弦，簡化作曲流程。比較知名的工具有 Google 打造的「MusicLM」、Meta 開發的「MusicGen」等。

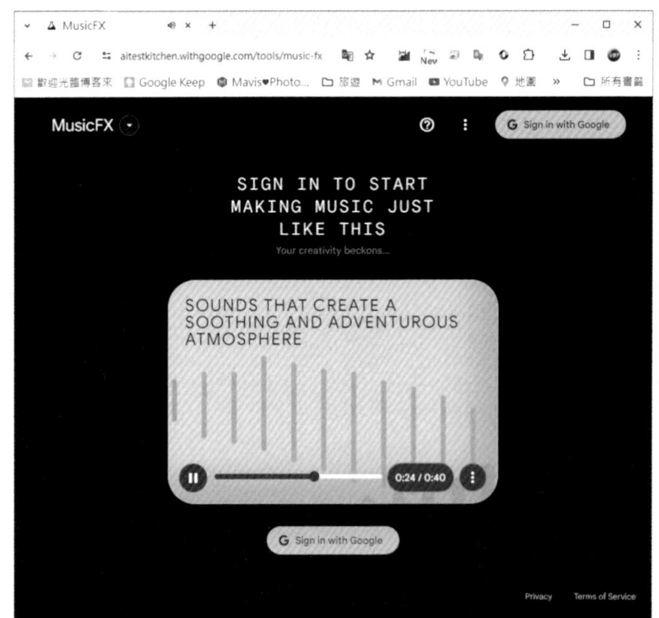

▲ MusicLM

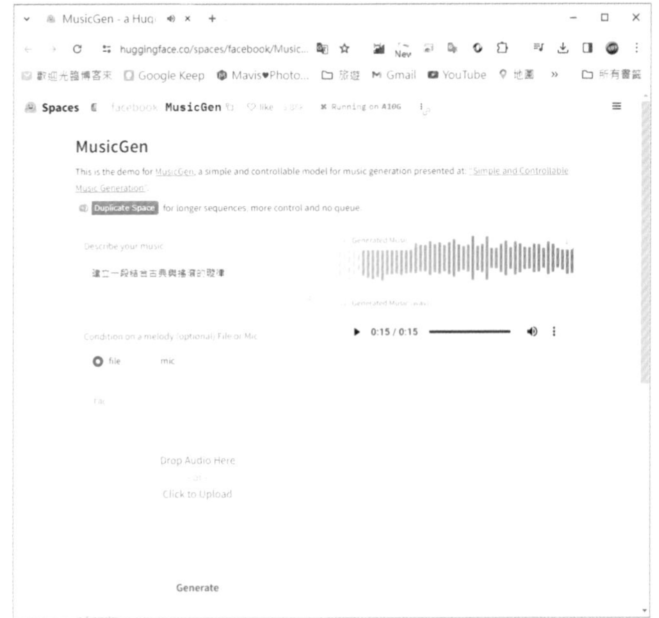

▲ MusicGen

語音生成式 AI

同樣也是根據輸入的提示文字來產生新的語音。透過學習特定人聲，可以使用該人聲建立旁白或配音，應用到娛樂、教育或是商業等領域。主要的語音生成式 AI 有微軟的「VALL-E」、「MyEdit」等。

◀ VALL-E

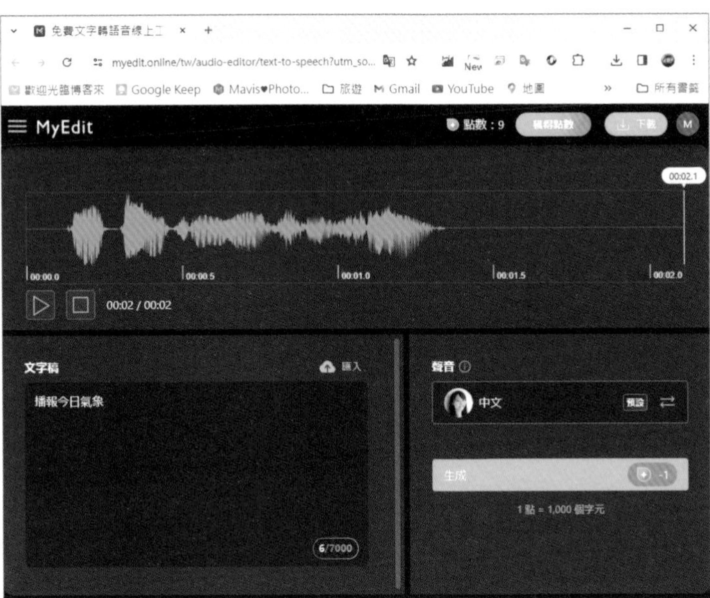

◀ MyEdit 除了可以產生語音，還可以去除歌曲中的人聲，保留背景音

使用生成式 AI 要注意的事項

使用生成式 AI 雖然可以協助創作者創造各類作品，但也得留意著作權、資料的隱私、事實的正確性、…等問題。

著作權、肖像權

由於生成式 AI 是透過學習大量的作品來得到特定作者或創作者的「風格」。因此在使用生成式 AI 生成的作品時，要注意避免侵犯他人的著作權或肖像權。例如不要使用只學習特定作者或畫家作品的專用 AI，也不要在 prompt 中輸入現有的著作物、作者名稱、作品名稱。

為了避免產生爭議，Adobe Firefly 使用 Adobe Stock 及開放授權的影像來訓練 AI，因此生成的影像不會有著作權爭議。

資料隱私

在使用 ChatGPT 等文字生成式 AI，最好不要在 prompt 中輸入個資或是與公司有關的各種資訊，這些資訊有可能在無意中洩露給其他使用者。

事實正確性

生成式 AI 模型生成的內容不一定都是正確的，因此在使用時要查證事實的正確性，尤其不能將生成式 AI 生成的內容直接用於新聞報導或是學術研究。

Unit 02

認識 Adobe 的生成式 AI

Adobe Firefly 是 2023 年 9 月推出的生成式 AI 模型，主要特色是生成的影像高品質，且所有生成的內容可商業使用。只要將你的想法輸入到**提示** (prompt)，就能產生高品質的影像。

多項生圖功能滿足你的需求

Firefly 是 Adobe 公司開發的生成式 AI，只要用簡單的文字提示，就能建立影像、為文字加上樣式及材質、以 AI 生成的內容填滿選取範圍、建立社群貼文、海報、傳單、產生向量圖形、…等。後續還計劃透過 Firefly 技術推出 3D、動畫和影片，讓使用者能玩轉、實驗、創造非凡的體驗！

Adobe Firefly 是獨立的網頁應用程式，只要透過瀏覽器連到 https://firefly.adobe.com，就可使用。

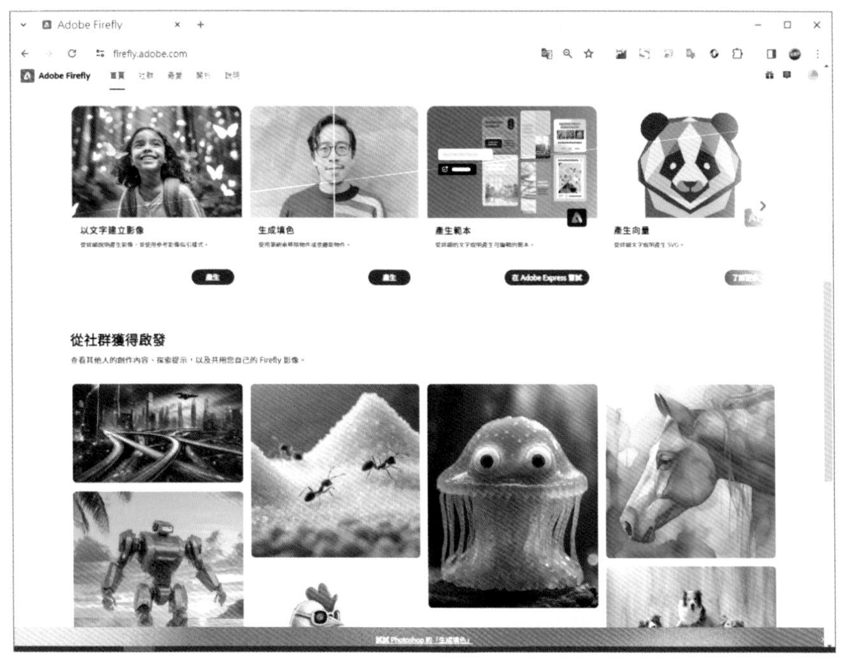

Firefly 網頁應用程式中的**以文字建立影像**，只要輸入文字，就能將想像力化為具體的影像。使用**生成填色**可以新增或移除畫面中的元素，讓畫面的構圖更符合你的需要。

用淺白的文字描述想要的畫面　　可以從 4 種構圖中選擇喜愛的影像

此外，Adobe 公司也將生成式 AI 融入到 Photoshop、Illustrator 以及 Adobe Express 中，你可以在這些應用程式中實現想像力，創作出更有趣的影像。

	Firefly Web	Illustrator	Photoshop	Adobe Express
以文字建立影像	○		○	○
生成式重新上色		○		
以文字建立向量圖形		○		
生成填色	○		○	
生成擴張			○	
文字效果				○
生成式填滿				○
以文字建立範本				○

Adobe Firefly 的素材來源

有愈來愈多的創作者使用生成式 AI 來創作，好處是可以節省找素材、後製的時間，而且只要用日常語言描述想要創造的畫面，就能快速實現腦海中的創意。但由於一些影像生成式 AI 在訓練 AI 模型時，使用受著作權保護的影像，因此會有著作權爭議，為了避免這些困擾，Adobe 使用 Adobe Stock 中獲得授權的影像，以及開放授權的影像來訓練 Firefly 模型，生成後的影像可以用於商業用途。

此外，Adobe 還透過 Content Authenticity Initiative (CAI) 建立產業標準，並致力於建立通用的「請勿訓練」內容憑證標籤，讓創作者可以自行決定是否允許使用其作品訓練 AI 模型。有關詳細的規範，可參考底下網址：

https://helpx.adobe.com/tw/firefly/faq.html#about-firefly

Adobe 生成式 AI 使用者準則

在使用 Adobe 生成式 AI 前，請先瞭解相關的使用者準則，以維持 Adobe 產品和相關套件所生成的創意內容。以下簡單說明其準則，詳細的內容，請參考：https://www.adobe.com/tw/legal/licenses-terms/adobe-gen-ai-user-guidelines.html 網頁。

不能將生成的影像用於 AI/ML 訓練

使用 Adobe 生成式 AI 功能所生成的創作品，請勿用於人工智慧或機器學習模型的訓練。

尊重和安全

請勿使用 Adobe 生成式 AI 功能試圖建立、上傳或分享不當、非法或違反他人權利的內容。例如：色情素材、暴力、血腥內容、非法活動或物品、可能導致現實世界誤導、欺騙性等內容。

尊重著作權與商標

禁止使用 Adobe 的生成式 AI 功能，建立、上傳或分享第三方版權、商標、隱私權、公開權或其他權利的內容。

內容憑證

Adobe 會在生成的創作品中加入內容憑證，以便讓大眾可以辨識此內容是由 AI 產生。

商業用途

利用 Adobe 生成式 AI 所產生的內容，可以在商業上使用。但是如果 Adobe 產品或其他有特別標註 AI 功能的測試版不能用於商業用途，則這些生成的內容就不能用於商業用途，請特別留意。

Unit

03 Adobe Firefly 能做些什麼？

大部份的影像生成式 AI 只能透過 prompt 生成單一類型影像。不過光是只有生成影像對創作者而言是不夠的，Adobe 的生成式 AI 也內嵌到 Photoshop、Illustrator、Adobe Express 等相關應用程式，以生成向量圖形、logo、範本、…等，後續也計劃加入 3D、影片和動畫等生成技術。

瞭解生成式點數

由於使用 AI 模型產生內容需要大量的運算資源，因此 Adobe 採用「生成式點數」的機制，你必須要有「生成式點數」才能生成影像。當你註冊 Adobe Firefly 帳戶時，就會自動獲得免費的 25 點，如果付費成為 Adobe Firefly Premium，每月有 100 點生成式點數及免費使用 Adobe Fonts，此方案為每月 NT$156 元，按月計費可隨時取消。

如果原先就有付費訂閱 Adobe 產品，那麼生成式點數會依不同的付費方案給予點數，你可以在進入 Firefly 網站後登入帳號來查看。

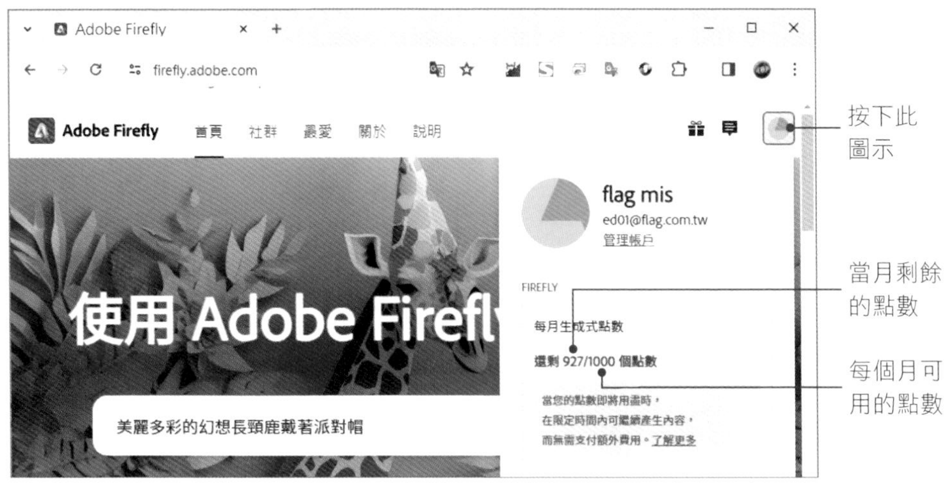

個人 Creative Cloud 計劃與生成式點數

Creative Cloud 計劃	每月的生成式點數
Creative Cloud 所有應用程式	1,000
Creative Cloud 單一應用程式：Illustrator、InDesign、Photoshop、Premiere Pro、After Effects、Audition、Animate、Adobe Dreamweaver、Adobe Stock、Photography 1TB	500
Creative Cloud 單一應用程式：Lightroom	100
Creative Cloud 單一應用程式：InCopy、Substance 3D Collection、Substance 3D Texturing、Acrobat Pro	25

若你是付費使用者，生成式點數會依初始付款日期每月更新。例如，每月 15 日付款，點數會於每月 15 日更新。

免費的使用者，會在首次使用 Firefly 功能時分配生成式點數。例如，登入 Firefly 網站並使用「以文字建立影像」功能，使用者會在此時分配到 25 個生成式點數，點數在分配日期後的一個月到期。例如在當月 15 日首次使用，點數將於下個月 15 日到期。之後的任何一個月，生成式點數會在首次使用 Firefly 功能時再次分配給使用者，而且這些點數會在新的分配日期後的一個月到期。

請注意，當月未使用完的點數，不會累積到下個月！

何時會扣除點數？

當你登入 Firefly 網站，使用**以文字建立影像**功能，輸入提示文字後，並按下「產生」鈕，就會消耗 1 點，若是在同一個提示中修改文字，重新更新影像，也會消耗 1 點。在生成影像後，如果按下**載入更多**或**重新整理**等相關按鈕，也會消耗點數。

以上的費率及點數扣除，Adobe 會隨時調整，想了解最新或更詳細的生成式點數，請連到以下網址：

https://helpx.adobe.com/tw/firefly/using/generative-credits-faq.html

Firefly 網頁應用程式

Adobe Firefly 網站應用程式提供**以文字建立影像**及**生成填色**等功能，可以讓你盡情揮灑創意，也會不定時推出新功能，讓你體驗更多生成式 AI 的便利性。

- **以文字建立影像**：用文字描述想產生的影像。

提示 一隻閃閃發光的藍色獨角獸在夢幻的森林裡

提示 晴朗的天氣，在黃昏時天空中有許多熱氣球在飛，並倒映在湖面上，遠處有一些山脈，跟山嵐，還有木造的房子

- **生成填色**：可以在影像中增加景物，也可以去除不想要的景物，甚至替影像中的人物去背。

▶ Firefly 生成的櫻花風景影像

▶ 利用**生成填色**在前景加上小船

Photoshop 與 Firefly

Photoshop 2024 也加入了生成式 AI 功能，包括**生成填色**與**生成擴張**功能。利用**生成填色**不僅可以 1 秒消除路人，也可以無中生有在影像中增添其他元素，或是快速變換背景、替人物變裝、…等。

● **生成填色**：想要在影像中增加或刪除景物，只要先選取範圍，再輸入提示，Adobe 的生成式 AI 就能不著痕跡地生成你想要的影像。

選取畫面中左側的狗

提示 移除選取的狗

● **生成擴張**：可以透過生成式 AI 來幫忙延伸影像的範圍，即使延伸的範圍沒有影像，也會自動生成出沒有破綻的影像內容。

▲ 原影像為 1：1

▲ 透過**生成擴張**功能，變更影像的比例，左右兩側會自動填滿內容

Illustrator 與 Firefly

Illustrator 在 2024 年推出的版本中，也加入了生成式 AI 功能，分別為**以文字建立向量圖形**及**生成式重新上色**功能。

- **以文字建立向量圖形**：只要選取向量圖中的範圍或是選取空白畫布，就能依照輸入的描述產生向量圖形。

> **提示** 一隻穿著白色太空裝的貓在宇宙中飄浮，背後有大大小小的星球

▲ 在空白畫布建立向量圖形

- **生成式重新上色**：只要透過簡單的文字提示，就能替向量圖進行顏色重組及搭配，在製作產品包裝、網頁底圖或是海報設計，都非常方便。

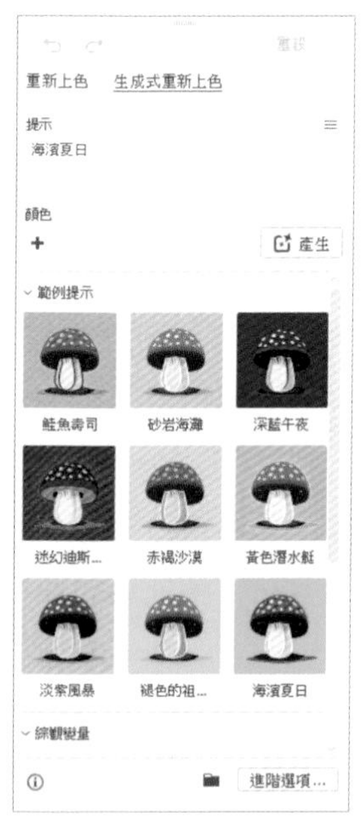

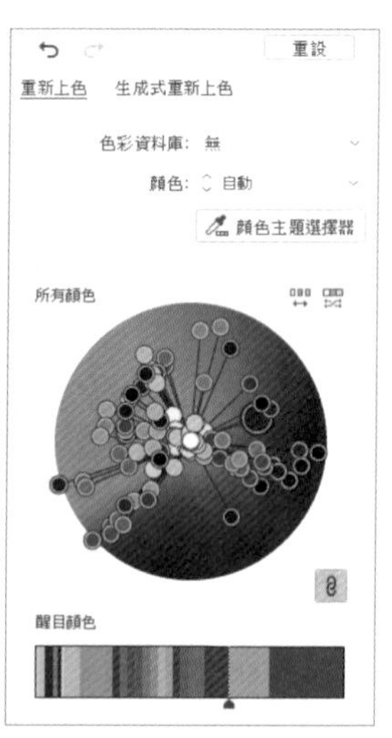

▲ 可以透過範例提示或是手動拖曳色盤的方式來變換色彩

Adobe Express 與 Firefly

Adobe Express 是線上影像處理與設計工具，提供數千種範本，即使不懂設計也可以直接套用範本，快速製作社群貼文用圖片、海報、限時動態、照片拼貼、…等等。此外，還嵌入 Firefly 的生成式 AI，提供**以文字建立影像**、**生成式填滿**、**以文字建立範本**及**文字效果**等功能。

- **以文字建立影像**：透過詳細的文字描述產生影像。

提示 神秘的森林，有點薄霧，世外桃源，開滿奇形怪狀、色彩繽紛的巨大花朵、像糖漿的河流

● **生成式填滿**：上傳影像後，使用文字提示新增或移除影像中的物件。

▲ 原影像

向日葵素描，角度 45 度

增加幾隻散落的鉛筆

● **以文字建立範本**：透過描述指定主題或場合，目前使用英文效果較好。

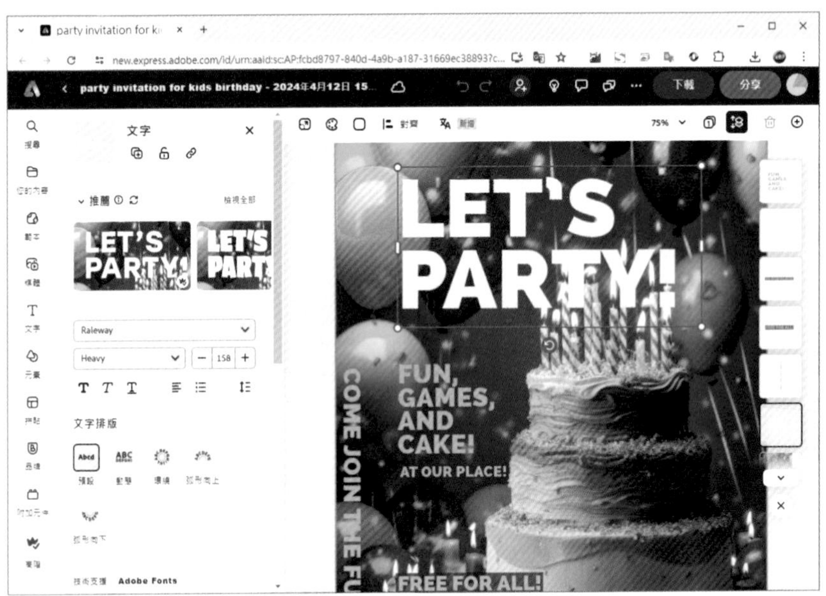

▲ 建立範本後，可以選取及編輯各個元件，例如修改文字、變更字體、顏色、…等

▶▶▶提示 party invitation for kids birthday

● **文字效果**：透過文字描述，將樣式或材質套用到文字上製作出想要的效果。

▲ 藍煙效果

▲ 苔蘚效果

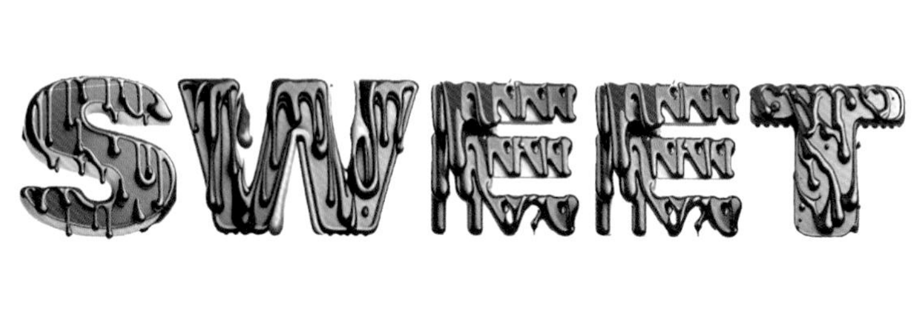

▲ 自訂融化效果

Adobe Firefly Web 版
2

Unit

01

以文字建立影像

以前你可能有很多創意想法，但礙於軟體的限制、素材的取得，很難化為真實的影像。現在只要用文字描述你的想法，例如「用鬆餅做成的房子，草地上有三隻兔子，一個大蛋糕，生日派對」，就能產生具體的影像。

瀏覽 Firefly 網站

首先，請開啟網頁瀏覽器，連結到 https://firefly.adobe.com 網站，就能開始你的創意之旅。

Adobe Firefly
使用 Adobe Firefly 發揮創意
使用生成式 AI 創作
以文字建立影像
生成填色
產生範本
從社群獲得啟發
展示如何以文字建立影像
有新功能推出或即將推出，會在此預告
Firefly 的各項功能
按此箭頭可以瀏覽更多功能
可以從別人的創作或「提示」得到更多靈感

登入或註冊帳戶

大致了解 Firefly 的網頁界面後，請按下網頁右上角的**登入**鈕：

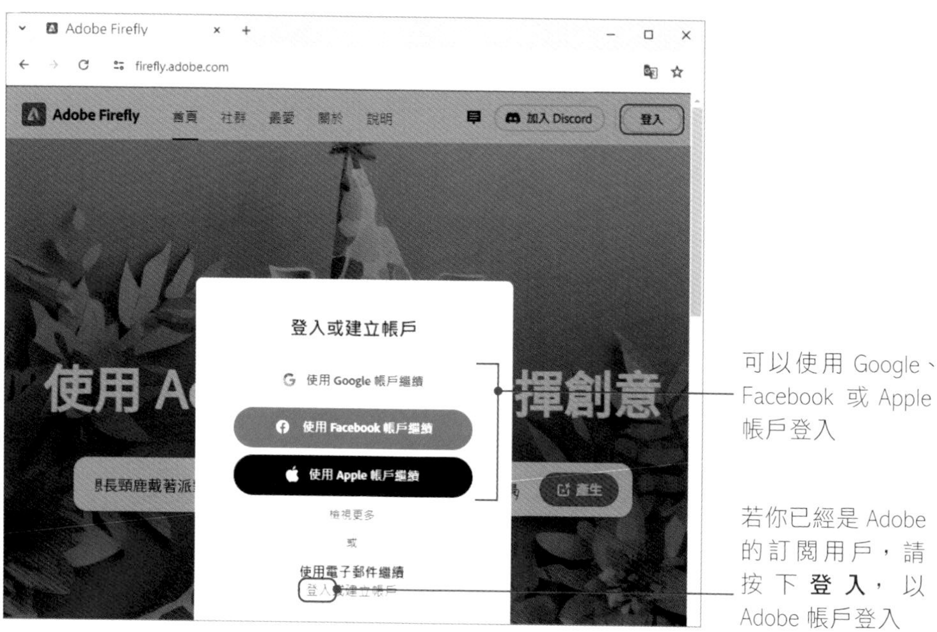

登入帳戶後，按下右上角的圖示，可查看你的生成式點數：

◀ 有關點數的詳細說明，請參考 Chapter 1 的 Unit 03

發揮創意輸入文字建立影像

請在網頁最上方的展示區中，以文字輸入想要建立的影像，例如輸入「一隻可愛、胖胖的北極熊在圖書館裡看書。他坐在紅色的洛可可風扶手椅上，椅子有鑲金邊。喝著咖啡。靠近窗戶邊。窗外的陽光照進來。照片拍攝自側面輪廓」，再按下**產生**鈕。

❷ 按下**產生**鈕

❶ 在此輸入文字

以縮圖模式呈現(將四張影像排列在一起)

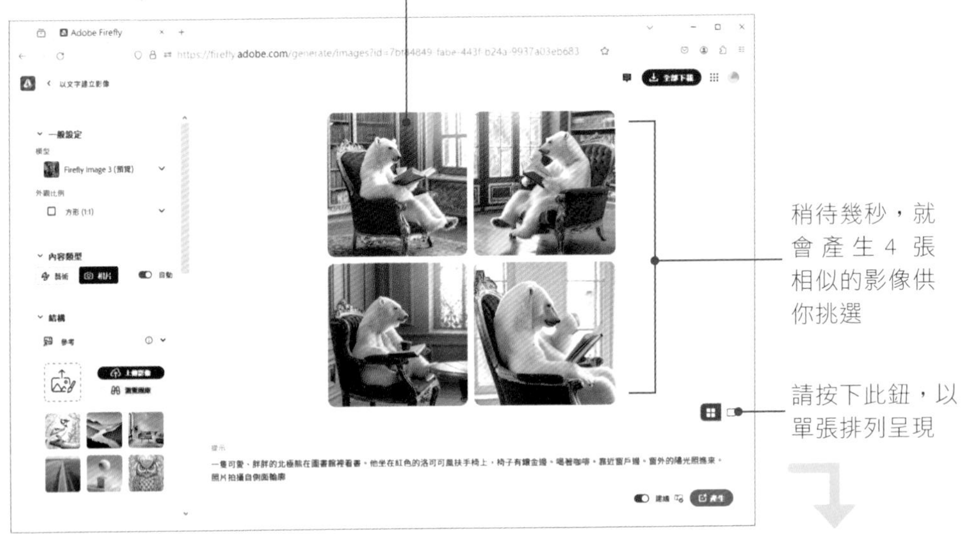

稍待幾秒，就會產生 4 張相似的影像供你挑選

請按下此鈕，以單張排列呈現

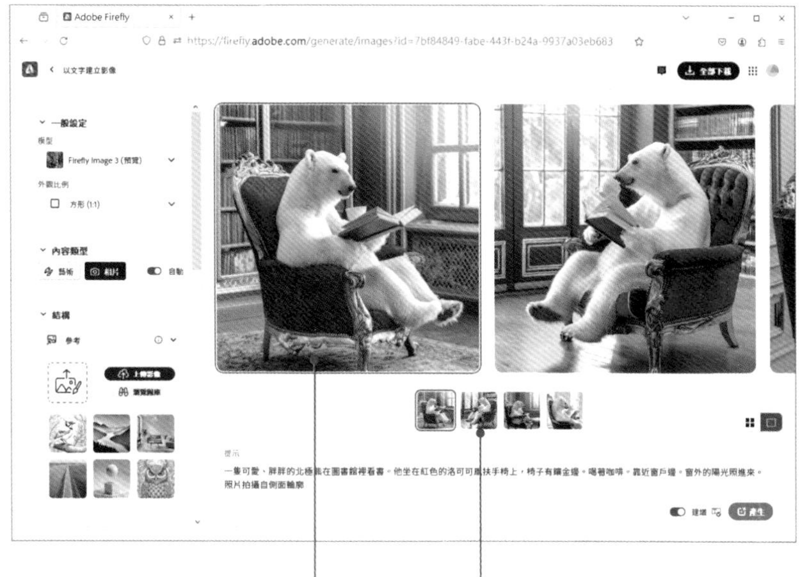

在此按一下，會以單張影像呈現

按下縮圖，可切換顯示其他影像

即使沒有變更提示文字，每按一次**產生**鈕就會產生不同的影像，也會扣一點生成式點數。

▲ 這張影像的咖啡杯擺放位置不合理

▲ 這張影像的光線及動作都符合我們想呈現的畫面，但是咖啡杯的位置不自然

▲ 這張影像也是咖啡杯的擺放不自然

▲ 這張影像的各個元素看起來都還算合理，但是我們不想要近拍的影像

由於這次產生的結果都不是我們想要的，所以在提示裡，刪掉「喝著咖啡」，再按下**產生**鈕，重新生成影像。

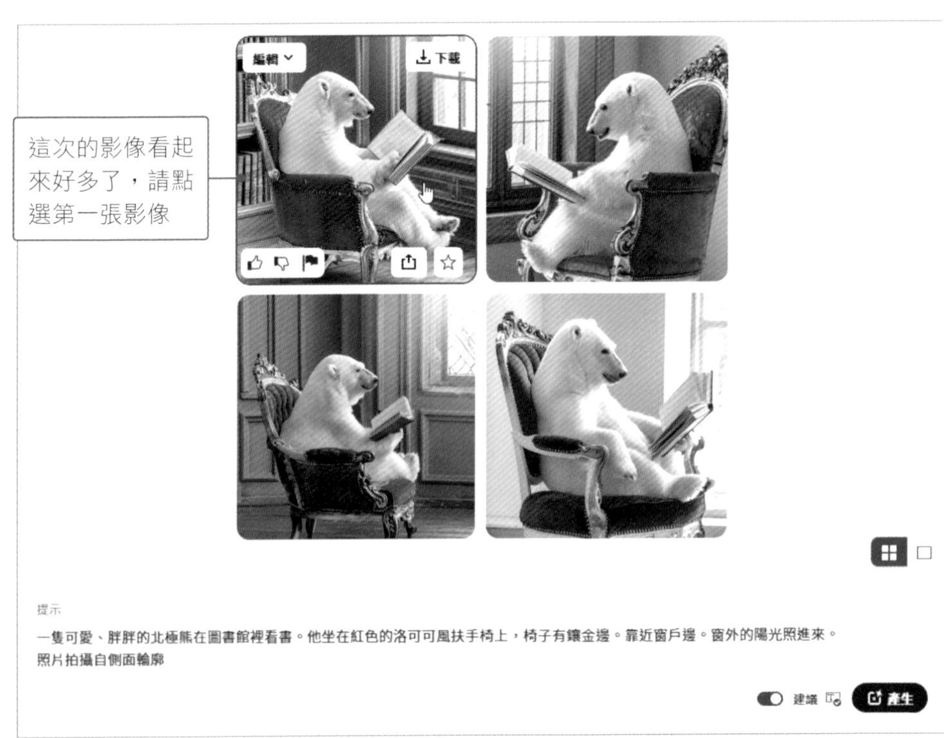

編輯
下載
這次的影像看起來好多了，請點選第一張影像
提示
一隻可愛、胖胖的北極熊在圖書館裡看書。他坐在紅色的洛可可風扶手椅上，椅子有鑲金邊。靠近窗戶邊。窗外的陽光照進來。
照片拍攝自側面輪廓
建議
產生

按下左右的箭頭，可切換至其他影像

瀏覽過影像後，請按下此鈕關閉

按下**下載**可下載此影像

放大影像，以便瀏覽細節

Adobe Firefly
https://firefly.adobe.com/generate/images?id=a3cfa126-8f30-4122-b692-959794c0ff97
關閉
編輯
下載
評等
報告
全部下載
提示
一隻可愛、胖胖的北極熊在圖書館裡看書。他坐在紅色的洛可可風扶手椅上，椅子有鑲金邊。靠近窗戶邊。窗外的陽光照進來。
照片拍攝自側面輪廓
產生

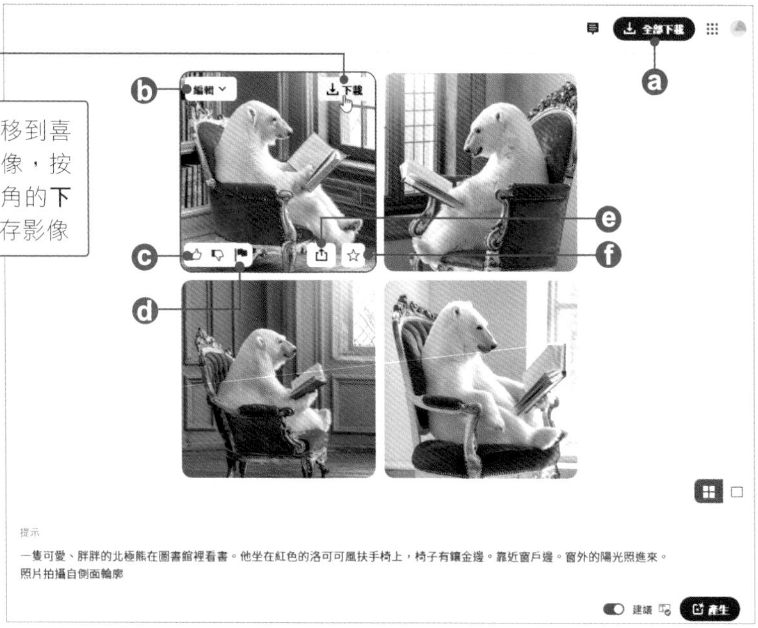

❶ 將滑鼠移到喜愛的影像，按下右上角的**下載**鈕儲存影像

ⓐ 按下此鈕，可一次下載 4 張影像

ⓑ 按下此鈕，可編輯影像（後續會做說明）

ⓒ 按下評等（好評或壞評）可以回饋意見給 Adobe

ⓓ 按下**報告**，可以回報此影像是否有問題（如商標侵權、具歧視性、暴力 / 血腥、…等）

ⓔ 按下此鈕可複製影像連結或儲存至資料庫

ⓕ 按下此鈕，儲存到最愛

對您的影像進行更多處理

在 Adobe Express 中設計 Instagram 貼文、傳單、YouTube 縮圖等。

新增文字

新增形狀和圖形

建立社交貼文

❷ 接著會出現此畫面，詢問你是否要開啟 Adobe Express 進行其他處理（如新增文字、加上形狀或圖形、建立社交貼文），請按下**關閉**鈕，目前我們先不進行後續處理

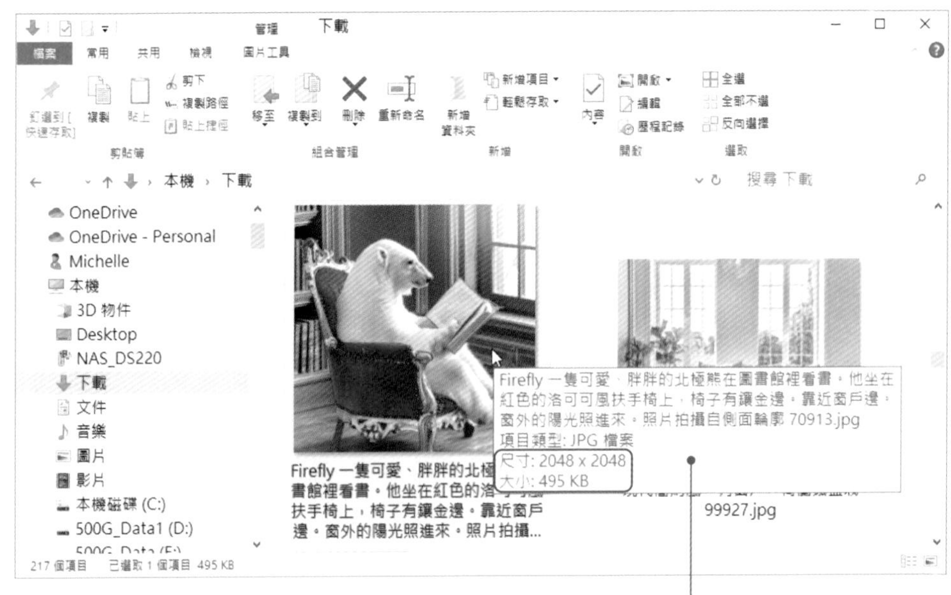

下載的影像預設會儲存在電腦中**下載** (Downloads) 資料夾裡，其檔名會加上 Firefly 以及提示文字，將滑鼠移到影像上可瀏覽影像尺寸及大小

內容憑證

Adobe Firefly 產生的影像會自動加上內容憑證，以讓人識別影像是由 AI 所產生的內容。在新版的 Photoshop 中開啟含有內容憑證的檔案時，執行『**視窗 / 內容憑證 (Beta)**』命令，會開啟**內容憑證**面板，按下**啟用內容憑證**鈕，即可查看製作者、使用 AI 的模型。

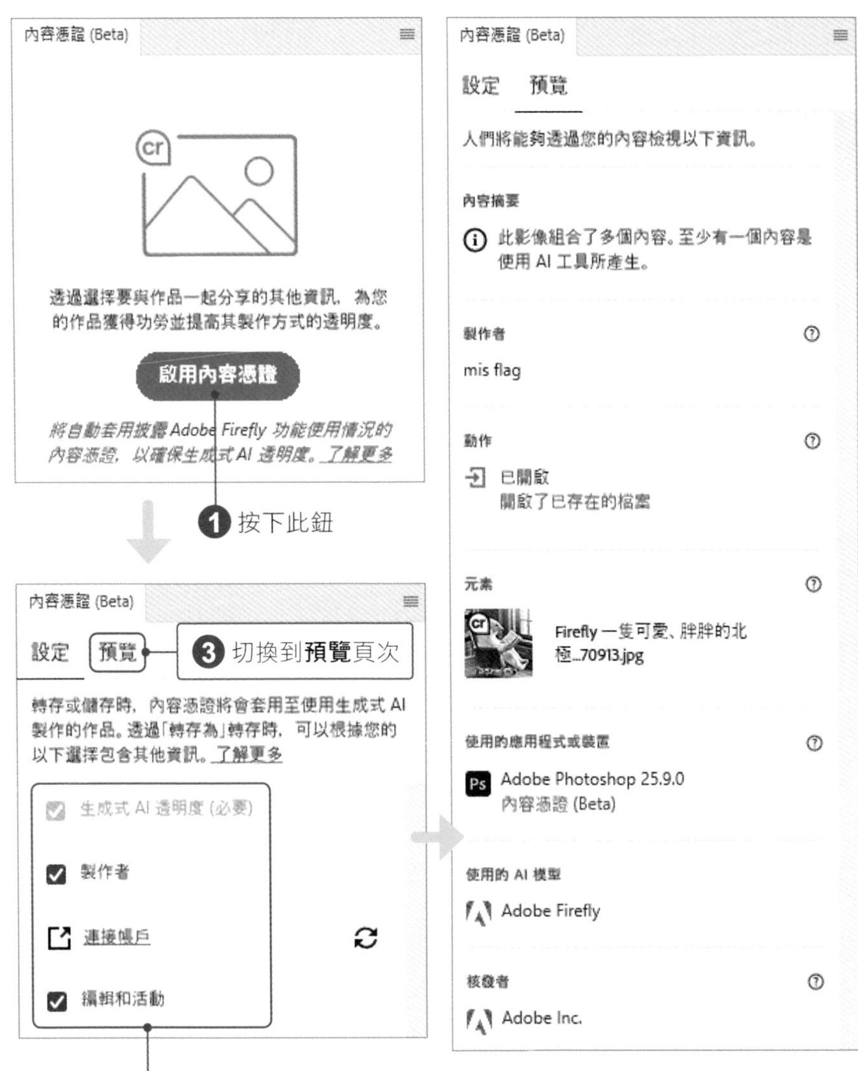

▲ 顯示內容摘要、製作者、使用的 AI 模型

Unit

02 撰寫有效的提示

Adobe Firefly 支援 100 多種語言，使用者的操作介面也已經在地化為 20 多種語言，所以使用繁體中文輸入提示 (prompt) 也沒問題，當你輸入中文提示後，會自動在生成影像前由機器翻譯成英文，因此有些用詞透過翻譯可能無法精確傳達。如果覺得生成後的影像和預期差異很大，可以改用英文來輸入，或是參考以下的方法，撰寫有效的提示。

描述要具體且明確

提示是用來讓 AI 了解要執行的工作或是要產出結果的指示。輸入的提示最好有三個以上的字詞，如果提示太少會跳出「提示太短」的訊息，而且要具體且明確，避免使用「產生」或「建立」等詞，直接用平常說話的語言描述主題 (主體)、場景或關鍵字。

例如：

- 晴朗的天氣，富士山山頂有積雪，前景是整排的櫻花樹
- 田野裡有呈放射狀的薰衣草田，背後有一個紅色穀倉
- 飄浮在空中的樹屋，樹根埋在壯闊的雲海裡

提示太短
為獲得最佳結果，請更加詳細地說明您想要的內容。若您需要協助以輸入更長的提示，請嘗試我們的提示建議。
×

▲ 如果提示的字詞太少，會跳出此訊息，例如只輸入「教堂」

提示 1 坐在門邊的黃金獵犬幼犬

提示 2 坐在門邊的黃金獵犬幼犬，數位畫作

提示 3 坐在門邊的黃金獵犬幼犬，數位畫作，脖子戴彩色領巾，龐克風

發揮想像力

以往設計工作者都是在腦海中以圖像的思考方式來構思畫面，再利用影像處理軟體具體化，現在則是換個表達方式，只要以文字形容畫面，就可以盡情發揮想像力，創造出有趣的畫面。

例如：

- 一個小女孩正在爬繩子做的梯子，梯子通往天空中的雲朵，雲朵上有橡實造型的房屋

- 像魔法般的森林，有一個大瀑布，一群外星生物站在草地上，有巨大的喇叭花跟各種奇特的植物，畫面要密集多元，色彩豐富
- 一群縮小的人，站在灑滿糖霜的巧克力噴泉旁，水池中有洋芋片做成的船，地上有很多彩色糖果，周圍是巨大的冰淇淋森林

Firefly 根據提示所創造的影像，跟筆者想像的畫面還是有段差距，這時可以試著修改提示中的描述，再按下**產生**鈕，創造想要的影像，不過請注意，每按一次**產生**鈕就會扣一點生成式點數。

提示 3D，在冰天雪地裡，有一座玻璃城堡，城堡前有大小雪人在跳舞，有結冰的樹跟河流

風格與類型的描述

除了描述畫面的元素外，也可以加上「風格」與「類型」，例如魔幻寫實主義、點描畫派、超現實主義、後印象派、普普藝術、野獸派、塗鴉、當代藝術、立體派、墨繪、自然主義、洛可可風格…等。或是加上繪畫媒材，如油畫、水彩、粉筆、色鉛筆、蠟筆、黏土…等。

例如：

- 一杯愛心拉花咖啡，旁邊有一片草莓蛋糕，手繪，色鉛筆
- 單隻眼睛特寫，有濃密的睫毛，黑白，素描
- 小男孩的臉部特寫，普普藝術

提示 一隻趴在桌上的貓，背後是星空，油畫

其他實用的描述

此外，也可以在提示中加上時代背景 (如 50 年代、70 年代)、季節、光線 (夏季光線、清晨光線)、氣候 (晴朗的下午、雨天、陰天)、建築 (摩天大樓、日式建築)、拍攝角度 (俯拍、仰拍、45 度角)、整體顏色、氛圍 (歡樂的、沉靜的)、動畫般的角色、斑駁的筆刷、商業攝影、棚內攝影、節慶、…等等，總之描述地愈詳細，愈能接近你想要的畫面。

從社群中得到靈感

在 Adobe Firefly 網站的下方，展示了一些其他使用者的創作作品，你可以點選喜歡的影像，參考別人的提示寫法，嘗試修改提示中的元素，將可以得到更多靈感。

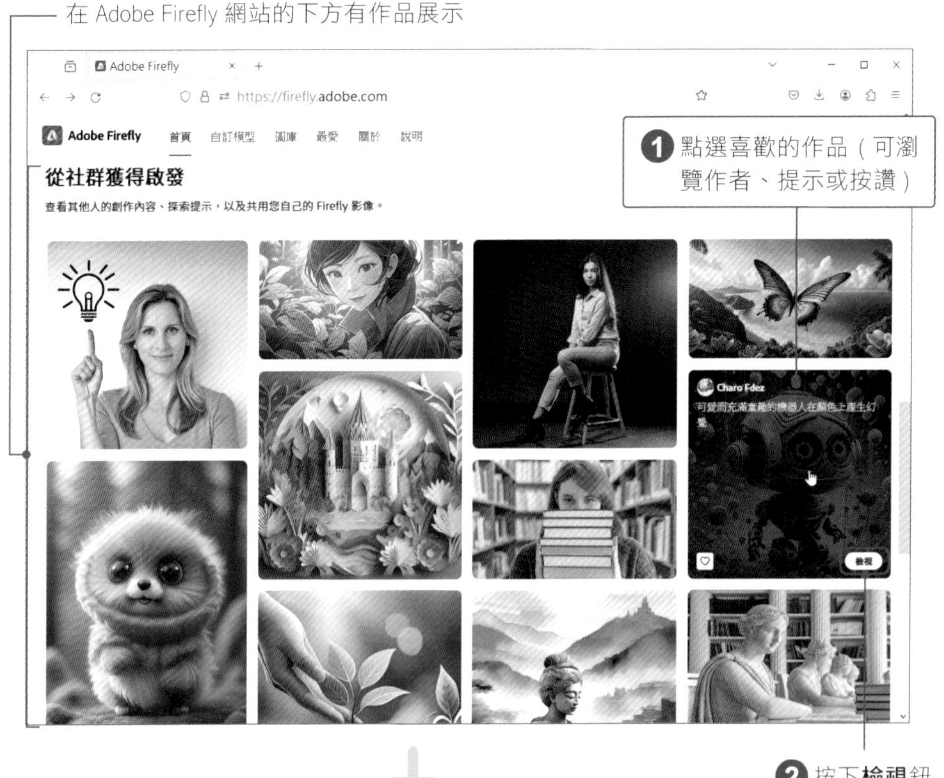

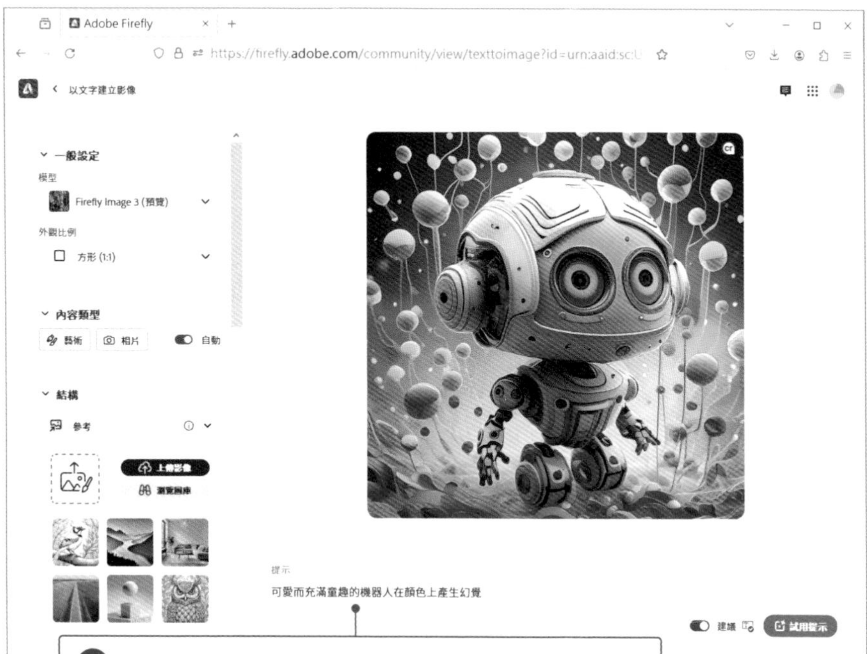

❸ 可以在此看到別人輸入的提示內容以及使用的效果，試著修改別人的提示，看看能創造出什麼影像

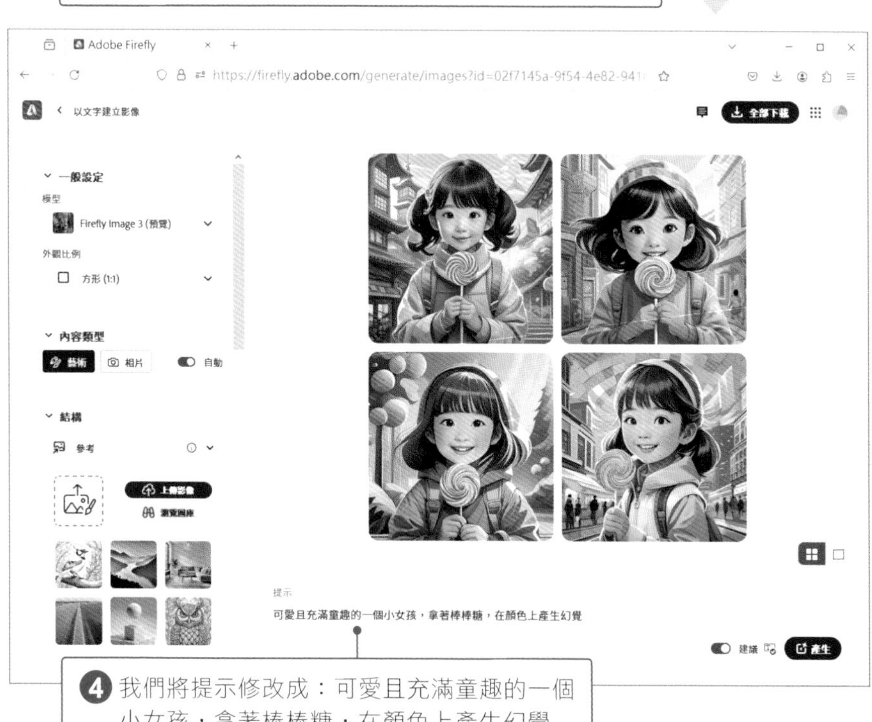

❹ 我們將提示修改成：可愛且充滿童趣的一個小女孩，拿著棒棒糖，在顏色上產生幻覺

Unit 03

以文字建立影像的細部設定

先前在介紹「以文字建立影像」時，我們只在輸入文字後，就按下**產生**鈕來建立影像，其實在建立影像前還可以在左邊的控制面板中進一步調整影像的外觀比例、影像類型、顏色與色調、光影、相機角度、…等。

一般設定

在**一般設定**中有兩個項目，一個是 Firefly 使用的**模型**，另一個是**外觀比例**。目前 Firefly 使用的模型是 **Firefly Image 3** 及 **Firefly Image 2**，**Firefly Image 3** 能做出更逼真的影像。

按下此箭頭，選擇要使用的模型

Firefly 預設會建立 1:1 的影像，如果想調整影像的比例，請點選**外觀比例**，從中挑擇 4:3、3:4、16:9 等。請注意，每次變更**外觀比例**後，都要按下**產生**鈕重新產生影像，每次產生的影像也都會不同，建議在生成影像前就先決定好畫面的比例。

外觀比例
方形 (1:1)
橫向 (4:3)
縱向 (3:4)
方形 (1:1)
寬螢幕 (16:9)

● 橫向 (4:3)

4

3

▶▶▶ 提示 薑餅人跟一個三層大蛋糕，背景有很多大棒棒糖、餅乾、冰淇淋，聖誕快樂卡

● 縱向 (3:4)

方形 (1:1)

● 寬螢幕 (16:9)

內容類型

內容類型主要是讓你選擇產生的影像為**藝術**或**相片**。如果開啟**自動**模式，Firefly 會自動選擇適合的類型。你可以在輸入提示後，先採用**自動**模式，不符合想要的結果時，再手動選擇**藝術**或**相片**。

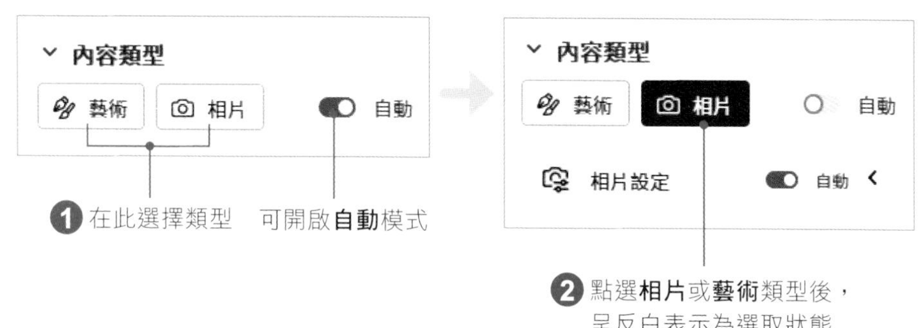

以剛才示範的薑餅人為例，我們選的是**藝術**模式，所以呈現插畫風格，如果改成**相片**模式 (橫向 4:3)，則會以真實景物來呈現，如下所示。

選擇**相片**模式後，會出現**相片設定**功能，按一下即可展開設定：

在此按一下展開細部設定

預設為**自動**由 Firefly 決定光圈、快門速度、視野

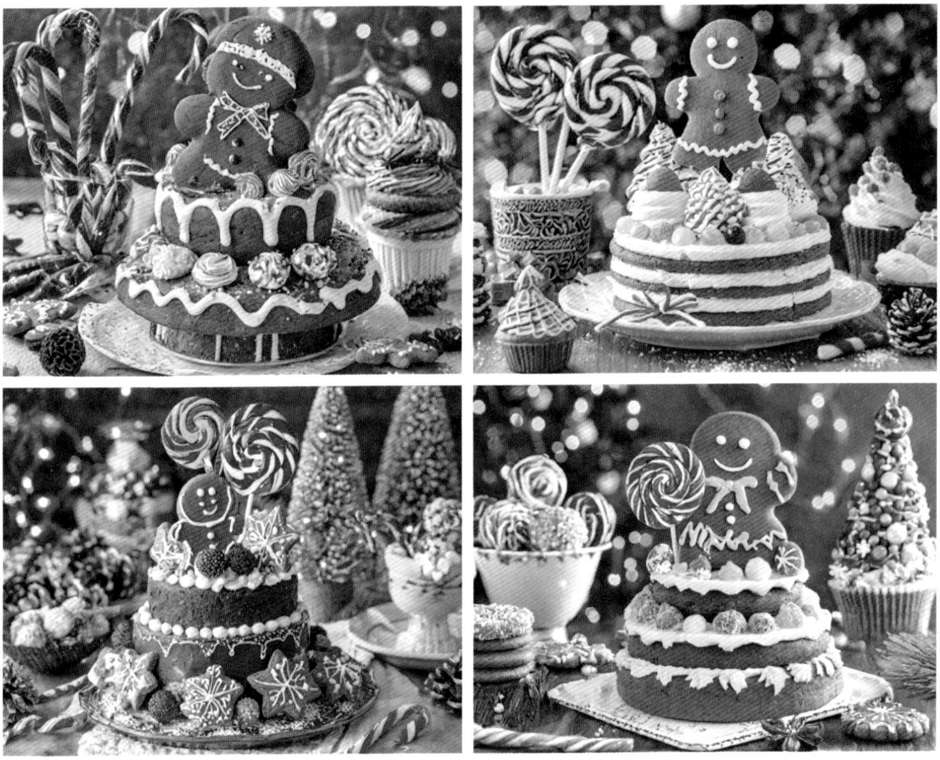

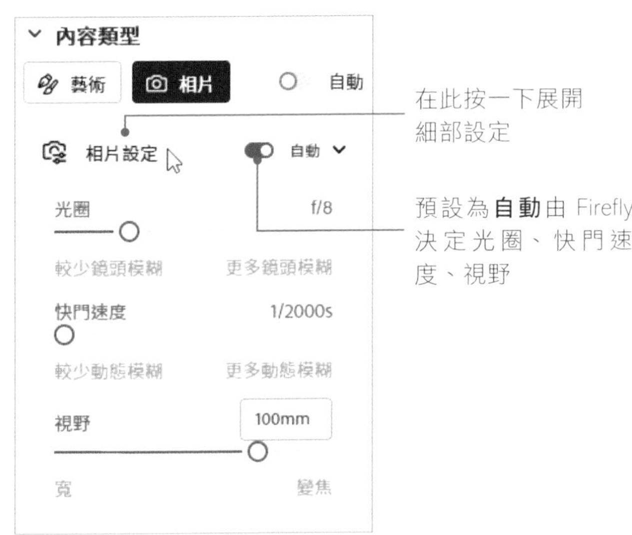

- **光圈**：拖曳滑桿可調整光圈的大小，調整範圍為 f/1.2 ～ f/22，簡單地說就是調整背景的清晰或模糊程度。f 數值愈小，表示光圈愈大（景深較淺），反之 f 數值愈大，光圈愈小（景深愈深）。

▲ 光圈：f22（背景較清晰）

▲ 光圈：f1.2（背景較模糊）

- **快門速度**：拖曳滑桿可調整快門速度，調整範圍為 1/2000s ～ 10s（秒），簡單地說，較快的快門速度會縮短光線進入相機的時間，瞬間凝結動作；較慢的快門速度會加長光線進入相機的時間，可拍出絹絲流水或星軌。

▲ 快門速度：1/250s

▲ 快門速度：10s

- **視野**：又稱作**視角**，可讓你模擬畫面是以廣角鏡頭或是望遠鏡頭拍攝的視角，其調整範圍為 14mm ～ 300mm。

▲ 模擬以廣角鏡頭拍攝的視角 (14mm)

▲ 模擬以望遠鏡頭拍攝的視角 (300mm)

> 這裡的光圈、快門速度、視野設定，只能生成大致符合設定的影像，而且每按一次**產生**鈕，就會重新生成影像，如果有喜歡的影像，建議先**下載**到電腦中。

結構

結構區，可讓產生的影像構圖符合所選的結構。你可以上傳影像來當作參考結構，或是從現有的圖庫中挑選。例如想要產生客廳的室內設計圖，必要元素有沙發、大片落地窗，就可以如下設定：

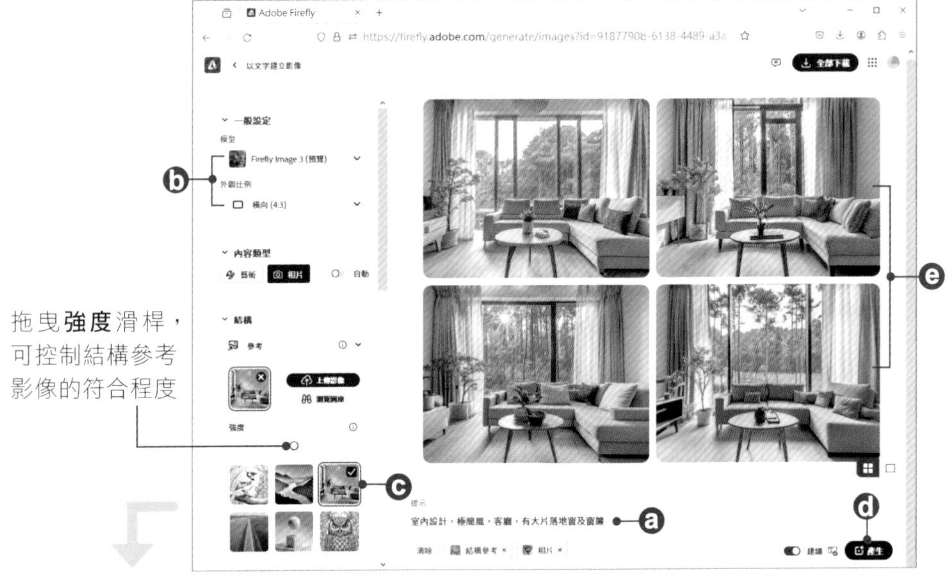

ⓐ 在此輸入提示：室內設計，極簡風，客廳，有大片落地窗及窗簾
ⓑ 選擇模型及外觀比例
ⓒ 從圖庫中點選此縮圖
ⓓ 按下**產生**鈕
ⓔ 建立出四張符合結構的影像

▲ 產生的影像包含提示裡的大片落地窗及窗簾，其擺放結構則是以「參考影像」為主，生成 L 型沙發、抱枕、茶几、盆栽、…等

雖然內建的結構圖庫不多，但是都很實用，例如想建立一張在道路兩旁的櫻花樹影像，就可以如下設定：

按下**瀏覽圖庫**鈕，可瀏覽更多結構圖庫

❹ 依照結構來產生想要的影像

❷ 選擇此結構縮圖

❶ 輸入提示：一整排櫻花樹，在道路兩旁

❸ 按下**產生**鈕

也可以上傳影像來當作參考結構，例如上傳一張手繪的插圖，讓 Firefly 產生類似結構的影像。

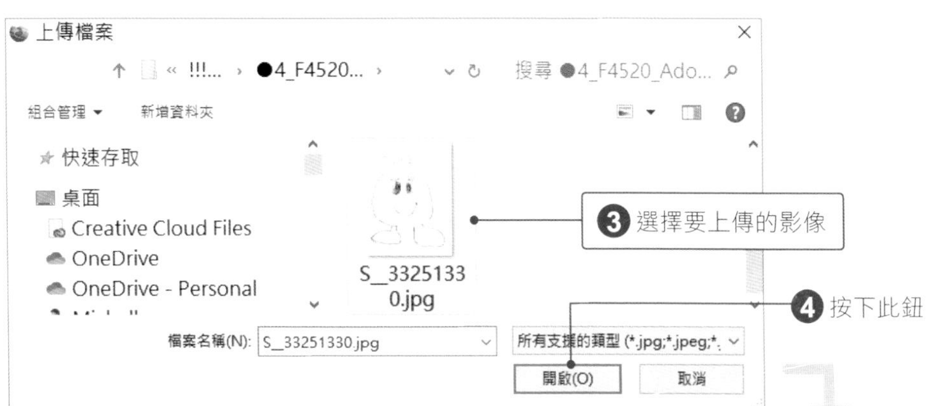

❷ 接著會出現此說明，請按下**繼續**鈕

❸ 選擇要上傳的影像

❹ 按下此鈕

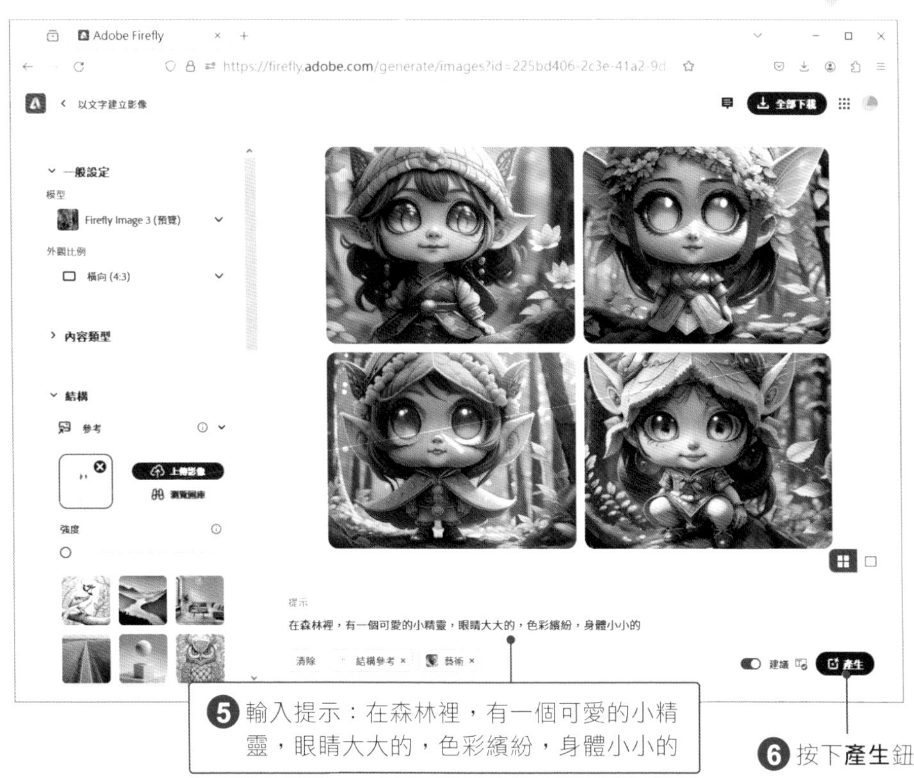

❺ 輸入提示：在森林裡，有一個可愛的小精靈，眼睛大大的，色彩繽紛，身體小小的

❻ 按下**產生**鈕

將室內設計的線稿生成實景圖

要將室內設計的線稿變成實景圖，需要透過 3D 渲染，現在可以將線稿上傳到 Firefly 來產生實景圖，如果只是想大致看一下完成的樣子，這個方法倒是非常便利。

在此只是做簡單的功能示範，非專業室內設計線稿圖

▲ 線圖

❷ 按下**上傳影像**上傳線圖
❹ 產生 4 張和線圖結構一樣的實景
上傳的圖會顯示在此
❶ 在此輸入提示：室內設計，清新極簡風格，客廳，電視、擺設架、沙發
❸ 按下**產生**鈕

產生的影像出乎意料之外，或是不符合提示

由於 Firefly 是從圖庫中「學習」許多影像，再依使用者的提示混出新影像，若是使用者下的提示是圖庫中所沒有出現過的，Firefly 就可能建立出不符合預期的影像，這時你可以回饋給 Firefly，以便改進 Firefly 的模型。

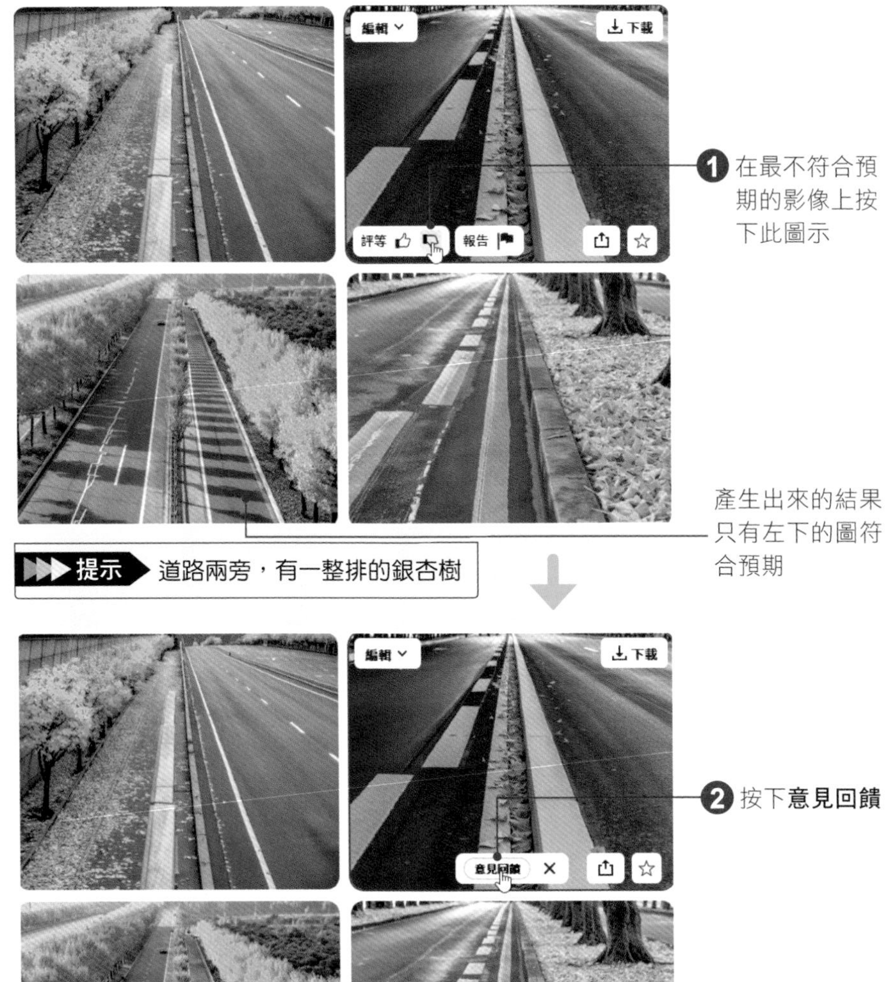
編輯
下載
評等
報告
❶ 在最不符合預期的影像上按下此圖示
產生出來的結果只有左下的圖符合預期
提示 道路兩旁，有一整排的銀杏樹
編輯
下載
意見回饋
❷ 按下意見回饋

→ 接下頁

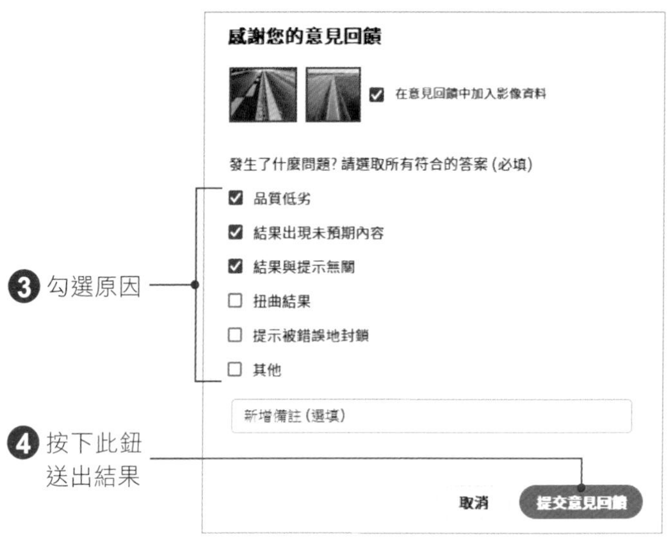

樣式

在**樣式**區裡，拖曳**視覺強度**滑桿，可以修改影像的視覺強度。若是在**內容類型**中設定為**相片**，可以將生成的影像轉換成「更逼真」或「超現實」。若是在**內容類型**中設定為**藝術**，可從「數位藝術」轉換為「插圖式」的影像。

● **內容類型**為**相片**

將**視覺強度**滑桿往左拖曳，影像效果更為逼真

將**視覺強度**滑桿往右拖曳，影像效果為超現實

● **內容類型**為**藝術**

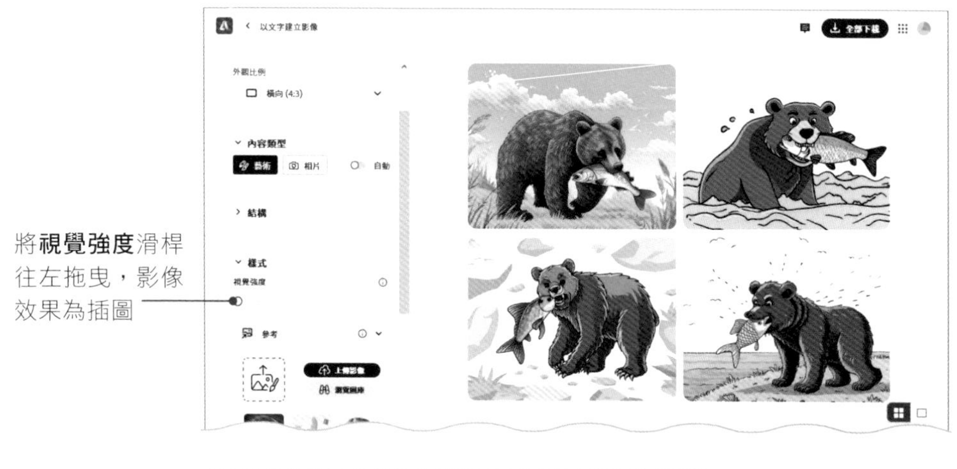

將**視覺強度**滑桿往左拖曳，影像效果為插圖

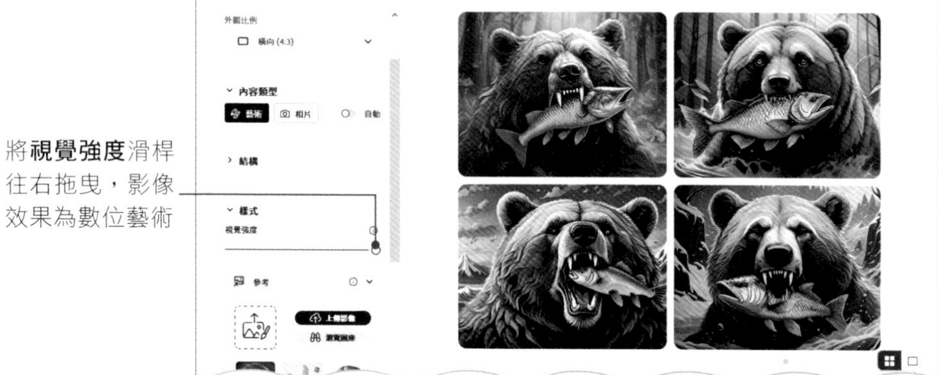

將**視覺強度**滑桿往右拖曳，影像效果為數位藝術

參考

樣式裡的**參考**提供多種不同風格 (3D、數位插圖、霓虹) 及媒材 (水彩、鉛筆) 圖庫，你可以按下**瀏覽圖庫**，從中挑選想要套用的風格。

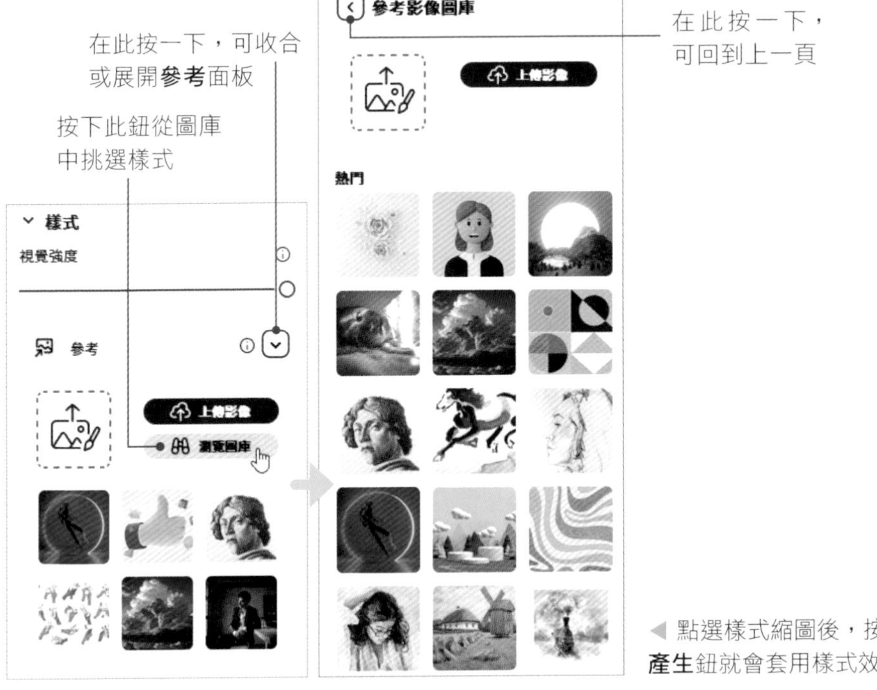

◀ 點選樣式縮圖後，按下**產生**鈕就會套用樣式效果

鉛筆
建築草圖
3D
數位插圖
圖形
霓虹
風景
戲劇性照明
照片處理
光源效果
質感
顏色和照明
幾何圖形
平面

套用**霓虹**效果，讓影像的視覺效果更具衝擊感。

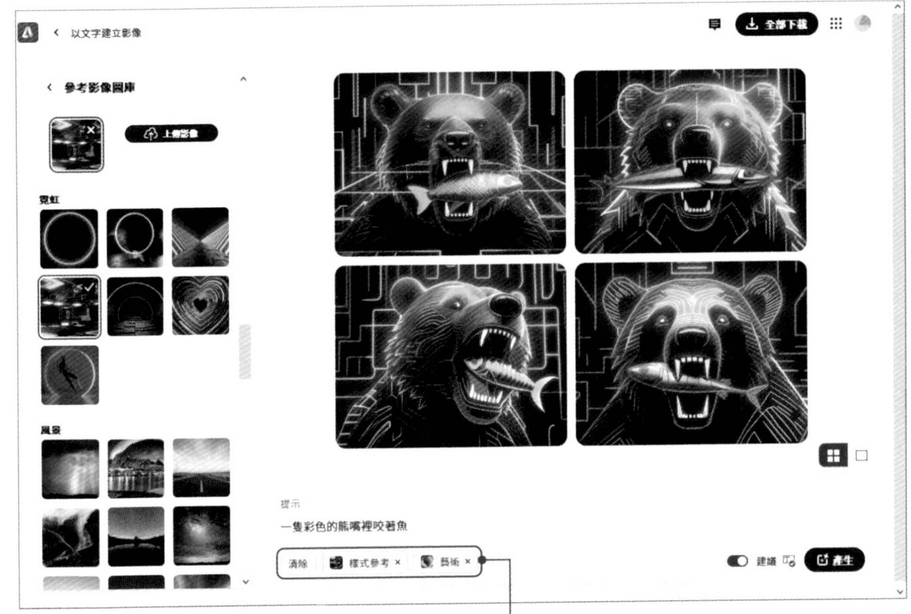

套用的樣式會列在這裡，按下 ☒ 可移除效果，但是需要再次按下**產生**鈕，重新建立影像

套用**幾何圖形**效果，就變成溫暖的插畫。

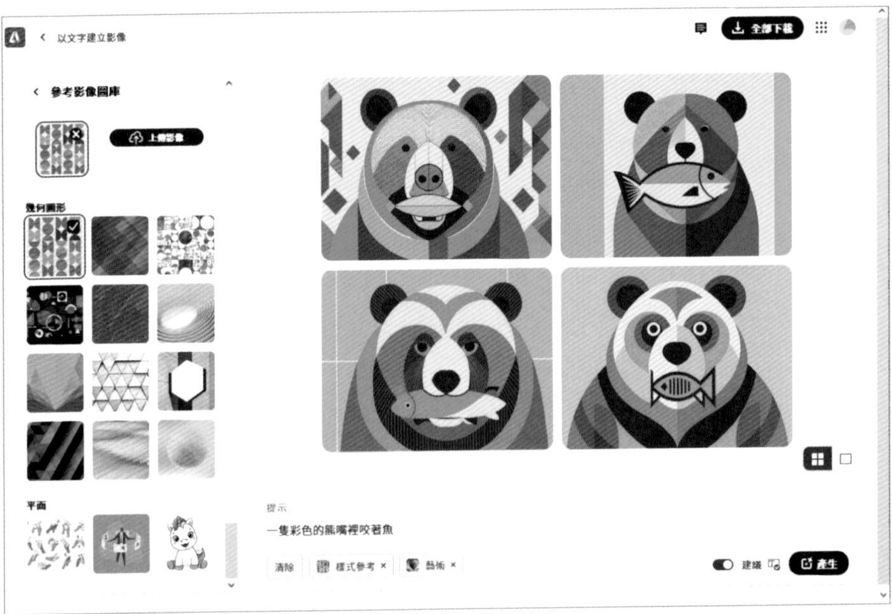

效果

樣式裡的**效果**提供多種不同特效，套用這些特效，可以讓影像有奇幻、超現實、工業風、科幻、生物發光、卡通、紫外線…等效果，而且一次可以套用多種效果。你甚至還可以結合**參考**裡的效果或是面板下方的**顏色與色調**、**光源**，打造新穎又有創意的影像。

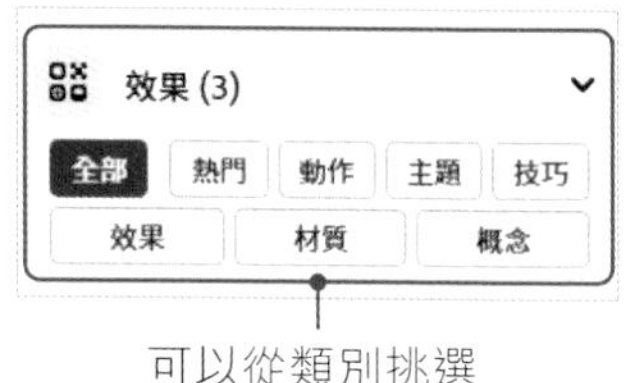

可以從類別挑選想要套用的效果

▼ 只要點選縮圖，就能套用效果

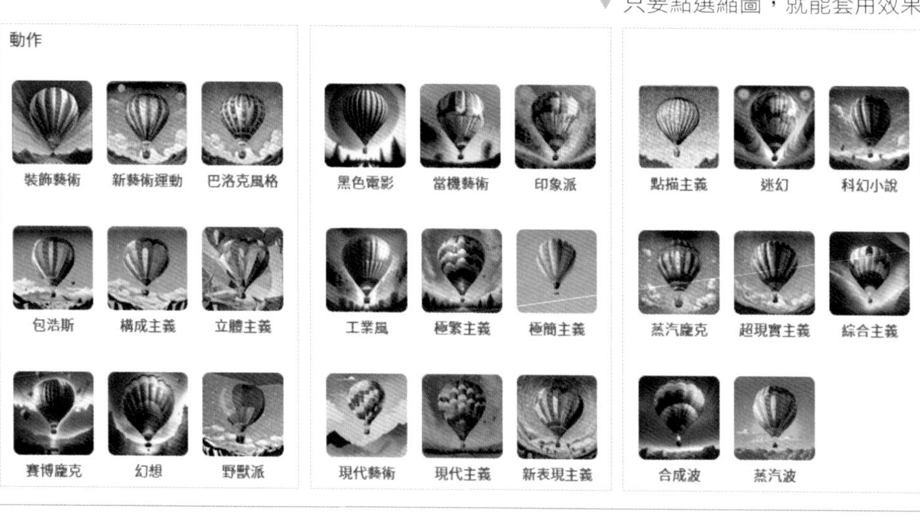

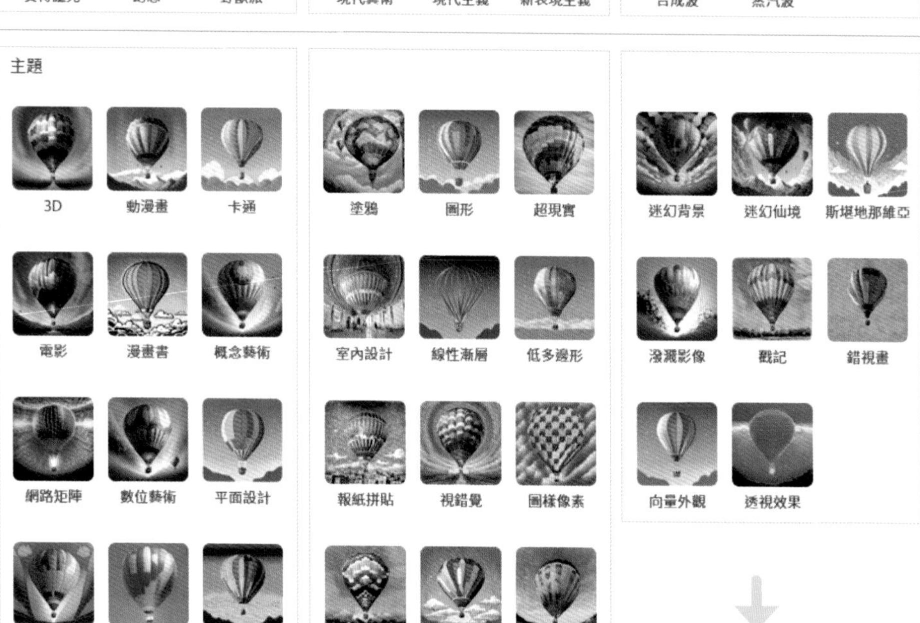

技巧

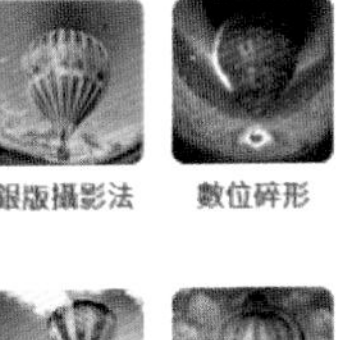
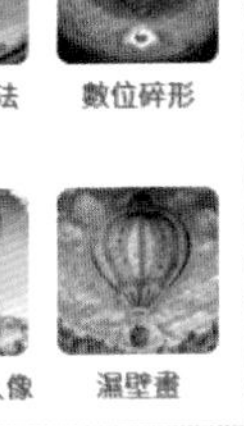
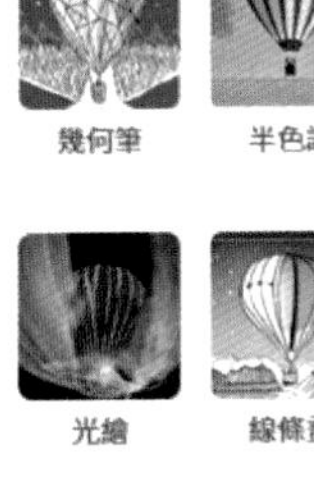

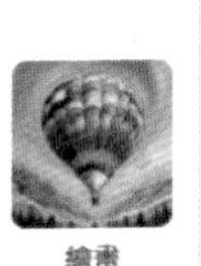

壓克力顏料　粗線　明暗對照法　幾何筆　半色調　水墨　調色刀　相片處理　潦草紋理

顏色偏移藝術　銀版攝影法　數位碎形　光繪　線條畫　版畫　素描　潑濺　點畫

塗鴉畫　雙重曝光人像　濕壁畫　油畫　塗料濺潑　繪畫　水彩

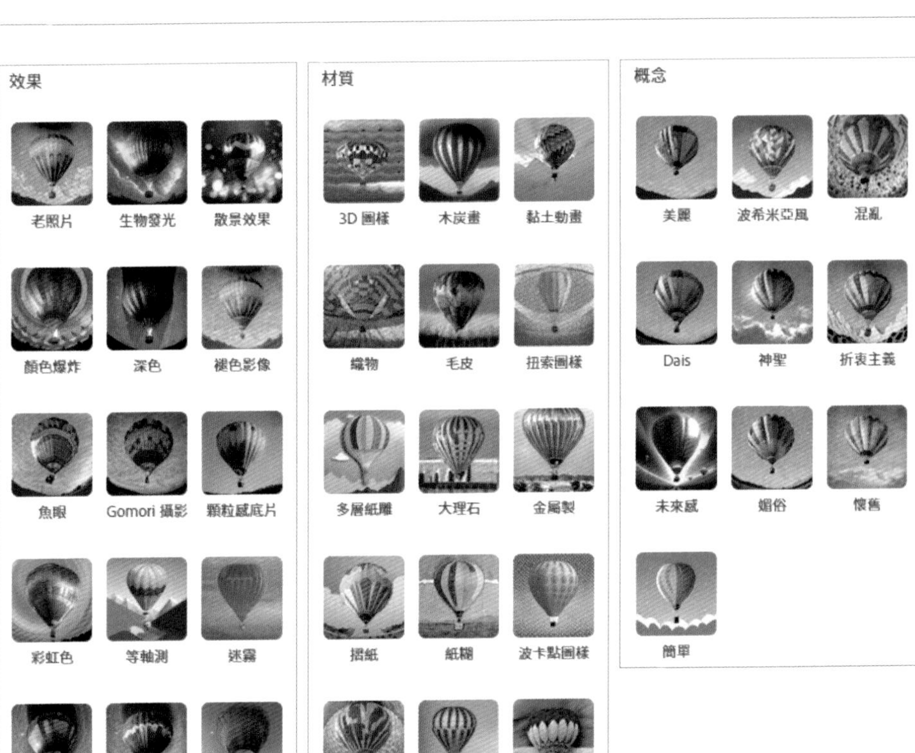

效果

老照片　生物發光　散景效果

顏色爆炸　深色　褪色影像

魚眼　Gomori 攝影　顆粒感底片

彩虹色　等軸測　迷霧

霓虹　超自然描述　紫外線

水下

材質

3D 圖樣　木炭畫　黏土動畫

織物　毛皮　扭索圖樣

多層紙雕　大理石　金屬製

摺紙　紙糊　波卡點圖樣

不可思議圖樣　木雕　毛線

概念

美麗　波希米亞風　混亂

Dais　神聖　折衷主義

未來感　媚俗　懷舊

簡單

套用了**數位藝術**、**超現實**、**超現實主義**效果，讓整體影像看起來更夢幻。

一頭閃亮的小鹿，長著仙女的翅膀，在森林中散步

延續剛才的範例，我們繼續套用了**巴洛克風格**、**合成波**效果，整體影像看起來很有科幻感。

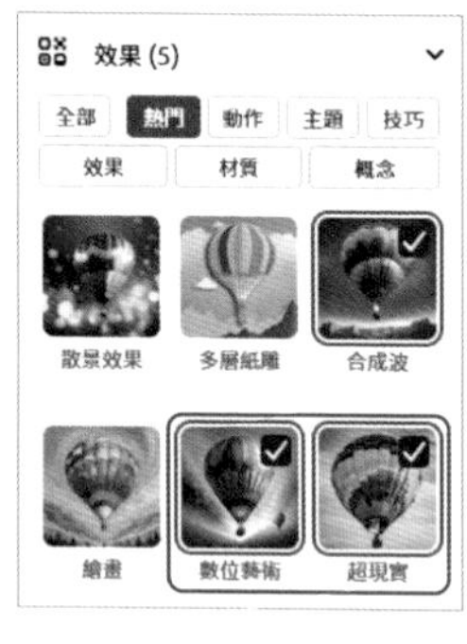

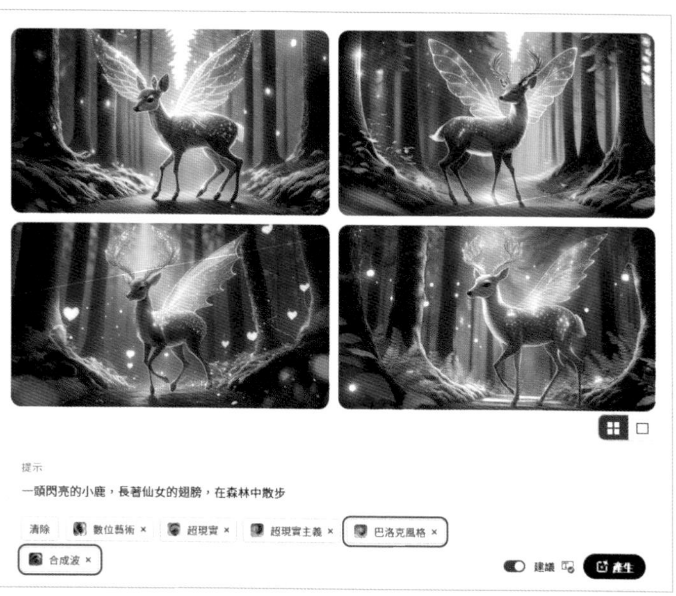

顏色與色調

按下**顏色與色調**的箭頭，可展開列示窗，從中選擇黑白、冷色調、金色、粉彩色、鮮明顏色、暖色調、…等色彩氛圍，一次只能套用一種色調。

套用**鮮明顏色**

提示

一朵鬱金香上有露珠，微距

套用**粉彩色**

光源

按下**光源**的箭頭，可展開列示窗，從中選擇背後光源、戲劇性光線、黃金時段、工作室燈光、超現實光影、…等。

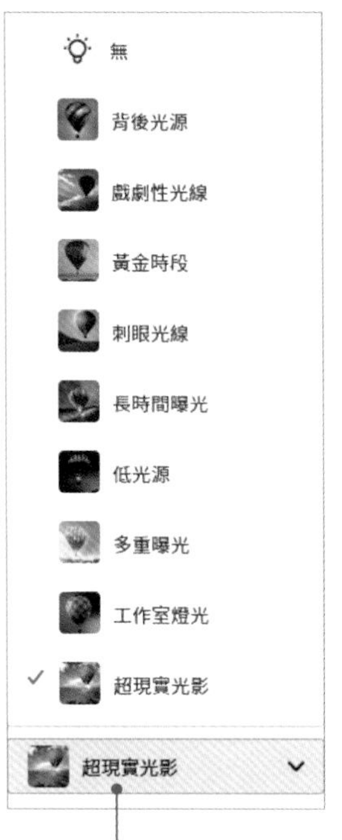

套用**超現實光影**

提示
彈奏電吉他的小伙子，臉部戴義大利面具，場景是奇幻舞台

套用**背後光源**

相機角度

按下**相機角度**箭頭，可展開列示窗，從中選擇特寫、風景攝影、微距攝影、淺景深、俯拍、仰拍、廣角、…等角度。

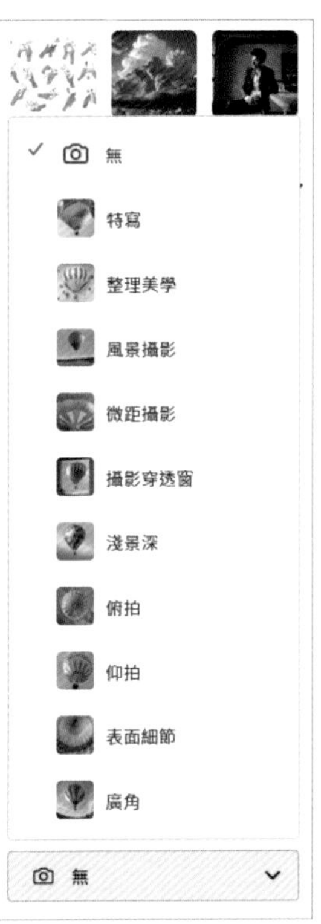

▲ 套用**俯拍**

提示 一個 2 歲小女孩穿著白色連身裙，在一堆楓葉堆裡

▲ 套用**淺景深**

▲ 套用**特寫**

Unit

04

生成填色

生成填色功能顛覆傳統的影像合成，只要在影像中用筆刷畫出範圍，就能加入你想要的元素，或是用筆刷塗抹不要的元素，就能清除元素並自動填補畫面。例如，想將畫面中的遊客清除，以往得用 Photoshop 的**仿製印章工具**來回塗抹，或是用**內容感知**來消除。現在不需要這麼麻煩，用**生成填色**就能快速完成。

在畫面中加入新元素

請在 Firefly 首頁，點選**生成填色**功能，我們先來試試在畫面中加入新的元素。

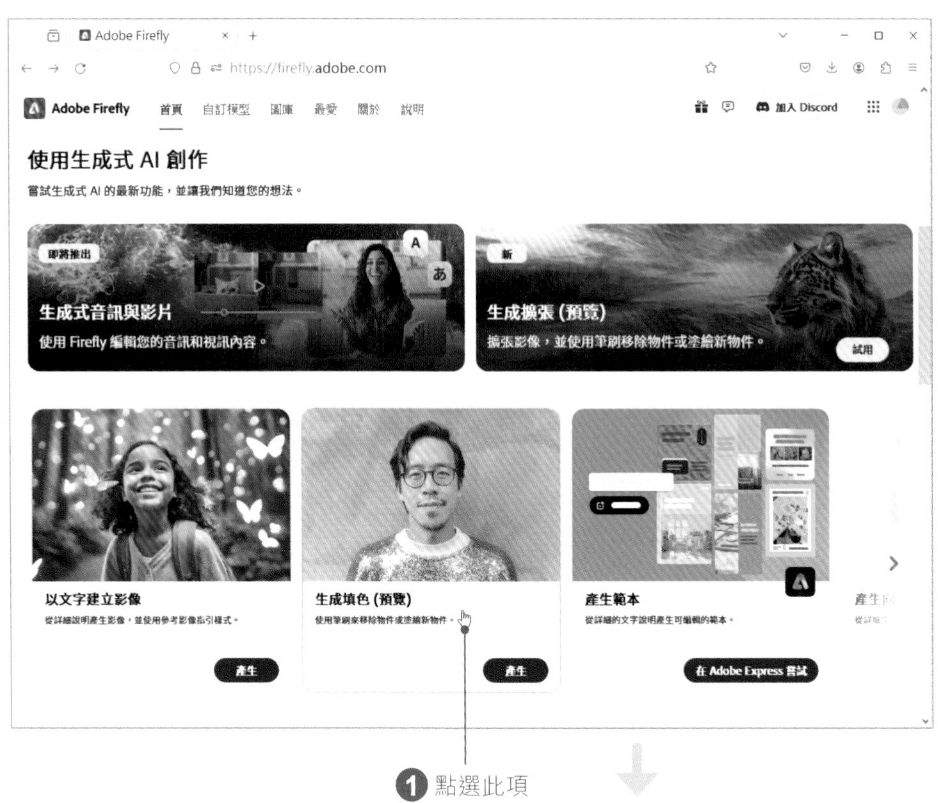

❷ 按下此鈕挑選影像，或是直接將要處理的影像拖曳到此處

若對**生成填色**還沒什麼概念，可將滑鼠指標移到這些縮圖上，會以動畫展示功能

❸ 開啟影像後，請點選**插入**

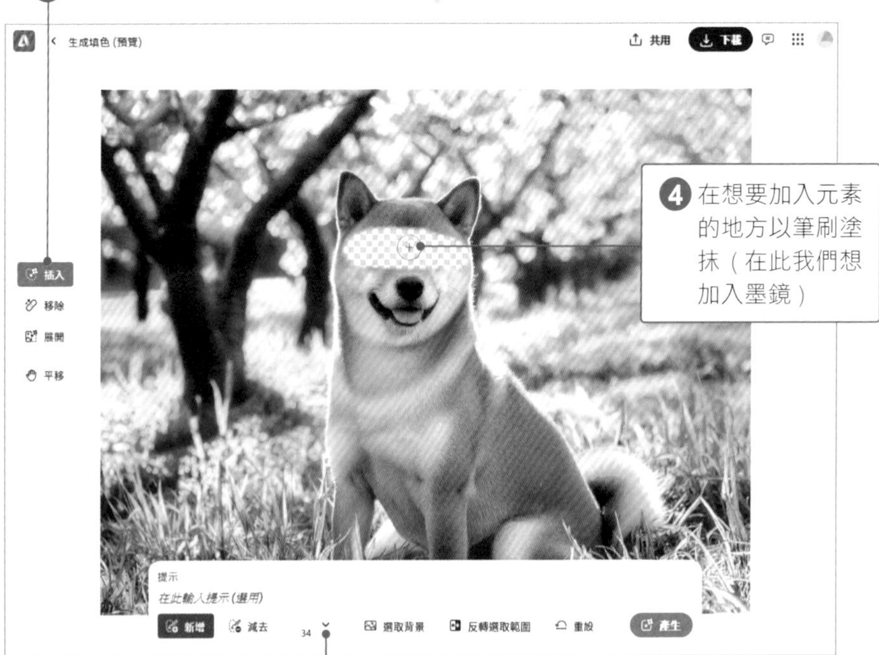

❹ 在想要加入元素的地方以筆刷塗抹（在此我們想加入墨鏡）

按下此處，可調整筆刷大小、筆刷硬度、筆刷不透明度（稍後說明）

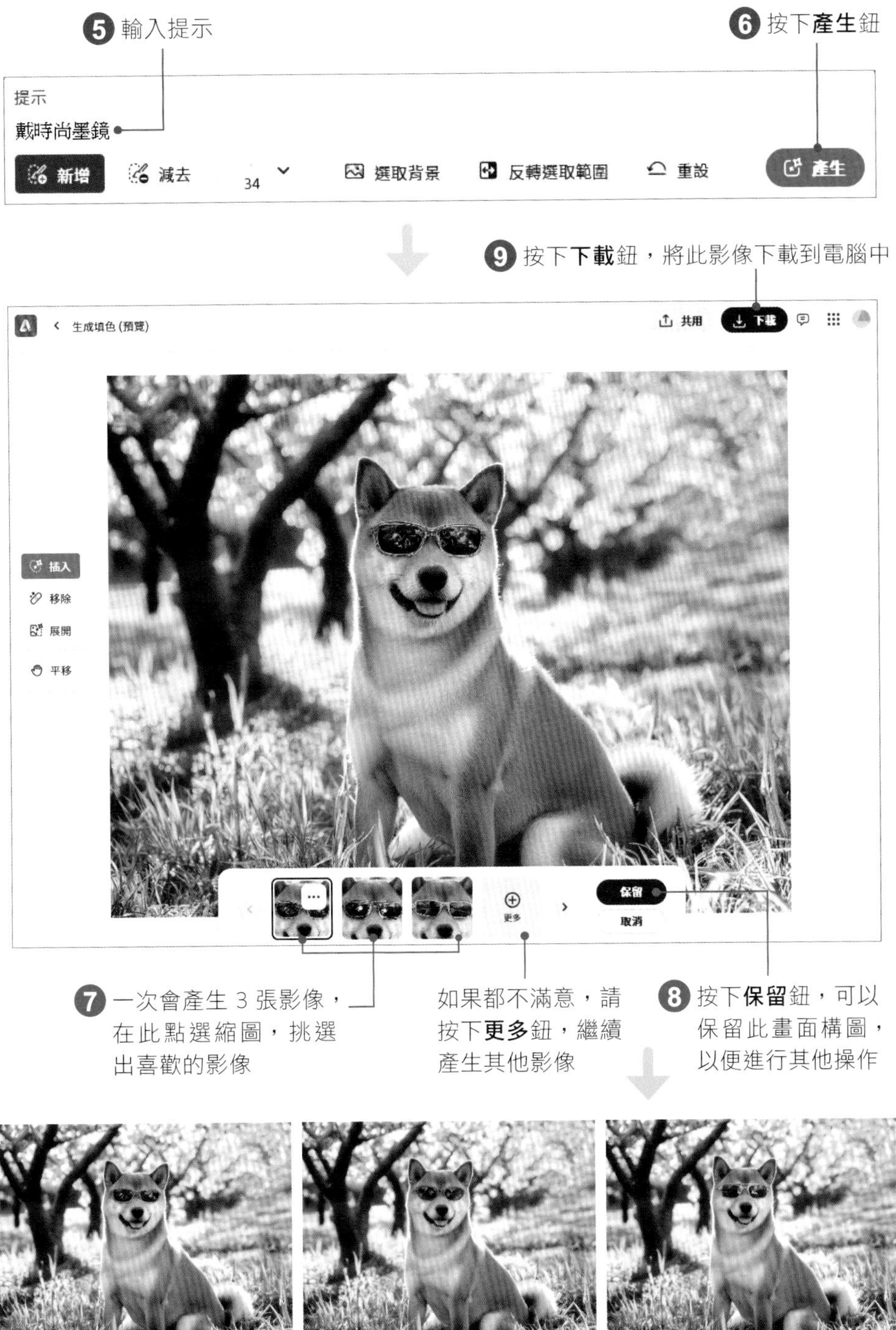

5 輸入提示
6 按下**產生**鈕
提示
戴時尚墨鏡
新增
減去
34
選取背景
反轉選取範圍
重設
產生
9 按下**下載**鈕，將此影像下載到電腦中
生成填色 (預覽)
共用
下載
插入
移除
展開
平移
更多
保留
取消
7 一次會產生 3 張影像，在此點選縮圖，挑選出喜歡的影像
如果都不滿意，請按下**更多**鈕，繼續產生其他影像
8 按下**保留**鈕，可以保留此畫面構圖，以便進行其他操作

▲ 簡單地替狗狗合成墨鏡

變更背景

生成填色還有一個令人讚嘆的功能，那就是快速替主體去背，並更換各種背景，只要按下**選取背景**鈕，就能馬上完成主體的去背工作了。

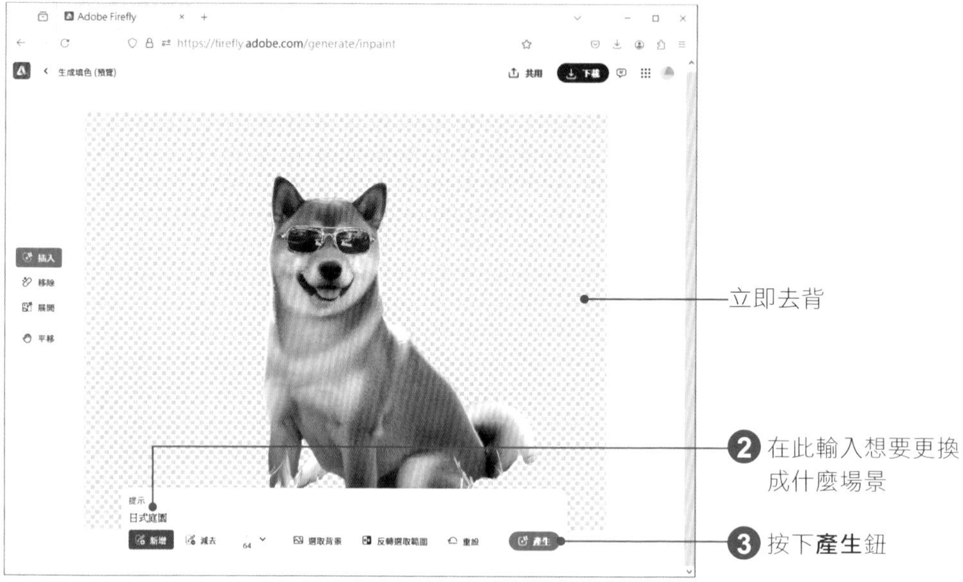

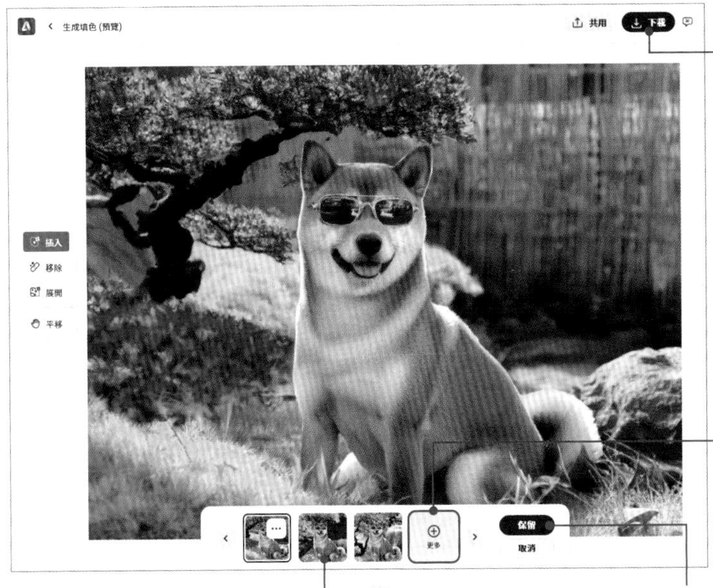

喜歡的影像，記得按下**下載**鈕，儲存到電腦中

5 若是目前產生的影像都不滿意，按下**更多**，繼續生成其他影像

▲ 狗狗瞬間移到日式庭園

4 同樣也是在這裡點選縮圖，挑選喜歡的圖

按下**保留**鈕，保留此畫面

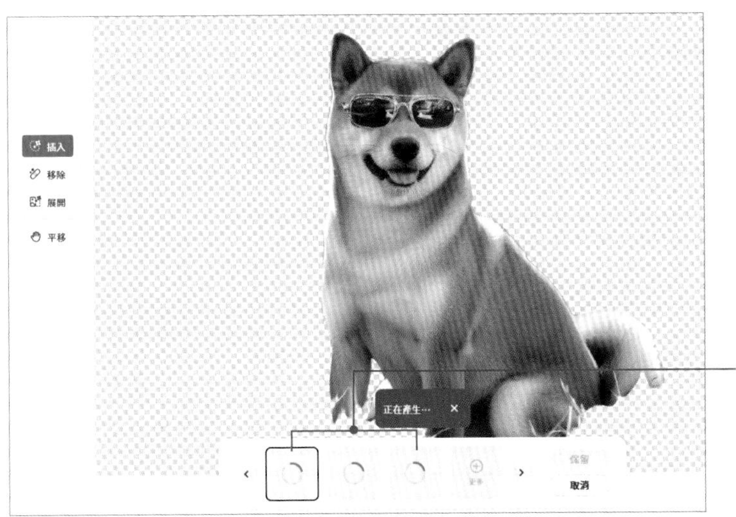

生成其他影像需要一點時間，也會扣除生成點數

▲ 替狗狗更換不同的背景

一秒消除遊客、雜物

在熱門景點拍照，總是很難拍到空景，常常連遊客也一起入鏡。這時先別急著刪照片，交給**生成填色**處理，一秒將雜物、遊客變不見。

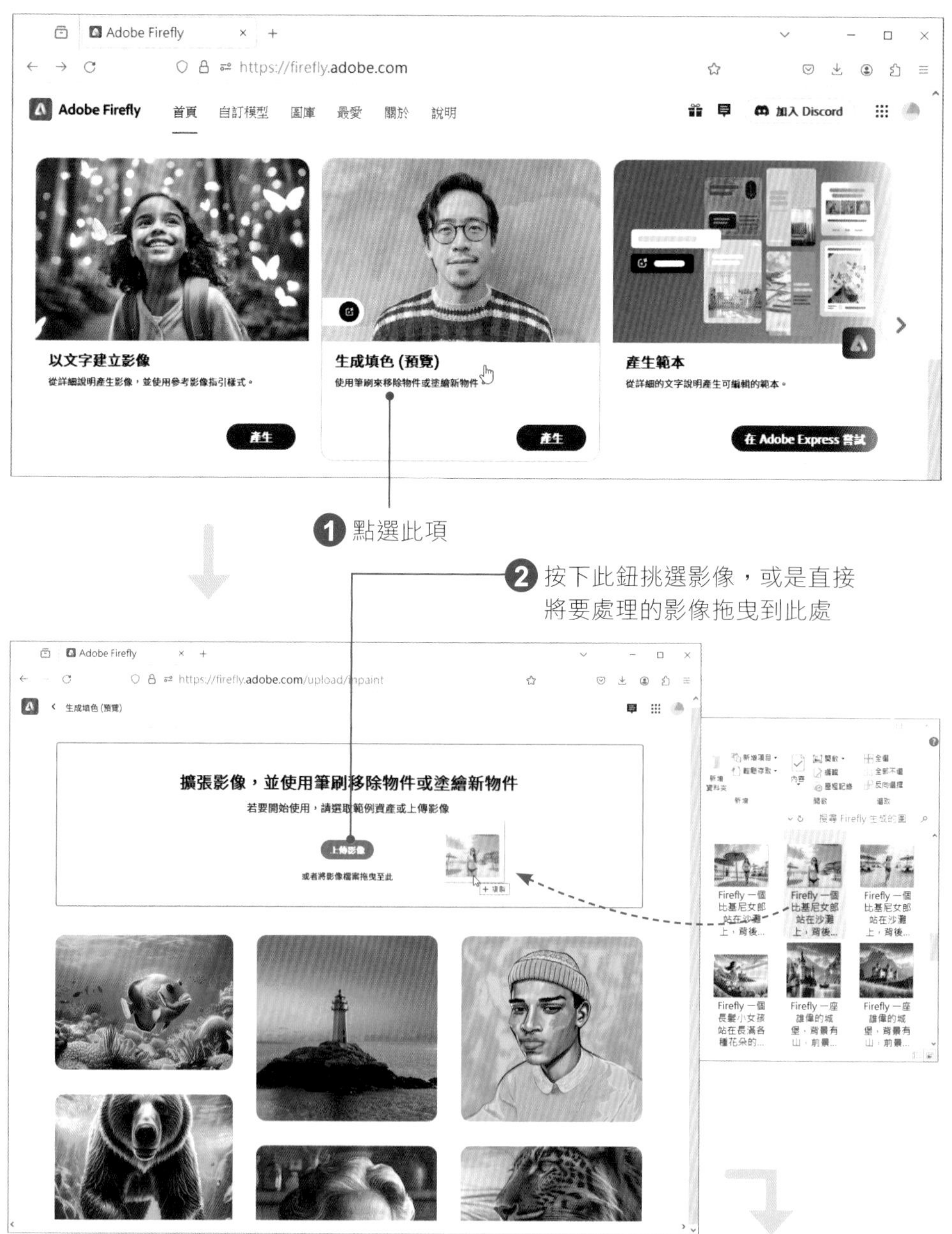

❸ 請點選**移除**

❹ 此時畫面會出現筆刷指標

❺ 確認目前為**新增**狀態，表示新增選取範圍

若為**減去**狀態，表示擦除選取範圍

▲ 在此我們要去除左側的遮陽傘及遊客，還有右上方的雜物

❻ 在想要清除的地方以筆刷塗抹

塗抹時，可隨時按下此鈕，調整筆刷大小

❼ 按下**移除**鈕

按下**下載**鈕，將影像儲存到電腦中

按下**保留**鈕，可儲存目前的畫面，繼續進行其他處理

畫面變乾淨了

同樣可以點選縮圖挑選滿意的影像

若目前沒有滿意的影像，請按下**更多**，繼續產生其他影像

筆刷大小、硬度、不透明度

不論是要插入或移除影像中的物件，底下的工具列都有筆刷大小、硬度、不透明度可調整。

a 調整筆刷的大小。筆刷愈大，可塗抹的範圍較大，但反應速度會較慢；筆刷愈小，可塗抹的範圍較小，在細微的地方比較容易塗抹

b 調整筆刷的硬度。數值愈小，邊緣的羽化程度較高（邊緣不明顯）；數值愈大，邊緣較明顯

c 調整筆刷的不透明度。可決定影像的保留程度，數值愈小愈不透明，數值愈大愈透明（露出白、灰色棋盤狀）

生成擴張：無限拓展影像畫面

有時想將原本正方形的影像調整成橫幅的 4:3 或 16:9，但是由於影像的像素不夠，調整比例後會產生空白，這時可以用**生成擴張**功能自動填補像素不夠的部份，填補後的結果也很自然、平順喔！

要使用**生成擴張**功能來填補影像，只要使用「裁切」工具，擴大畫面區域，再透過提示文字來產生及填補想要的景物，也可以不輸入提示文字，讓 Firefly 自動產生與現有影像完美融合的影像。

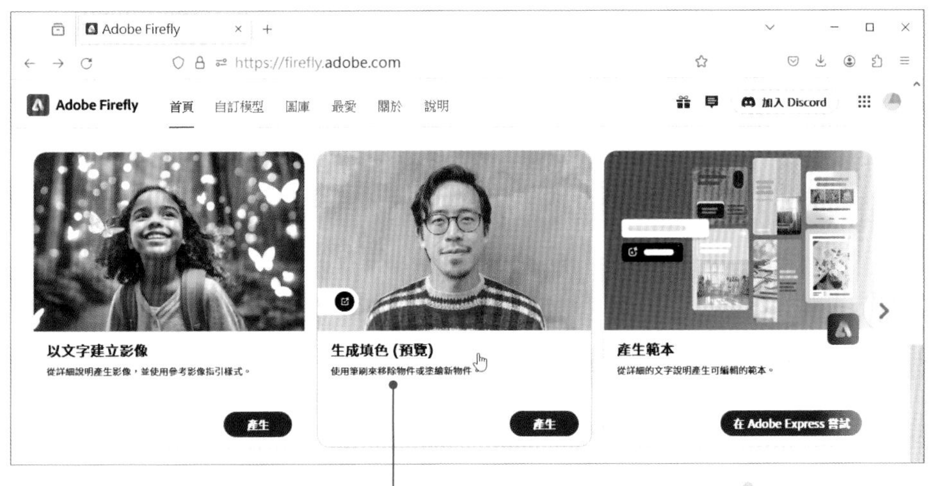

❶ 同樣在 Firefly 首頁中，點選**生成填色**功能

❷ 按下**上傳影像**鈕，從電腦中挑選影像

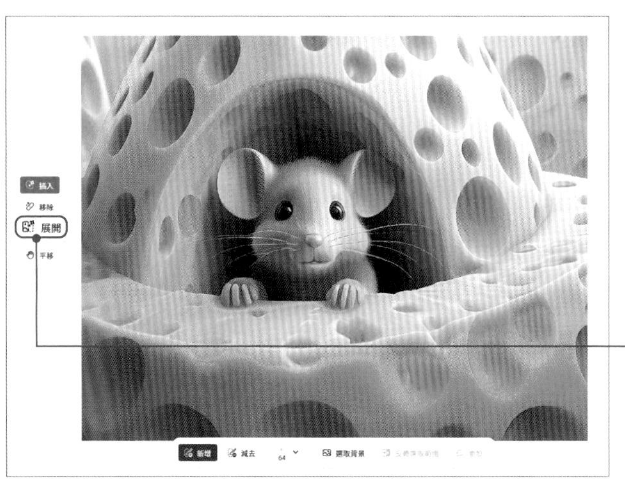

◀ 這是一張 1:1 的影像，我們想調成縱向 3:4 的比例

❸ 點選**展開**

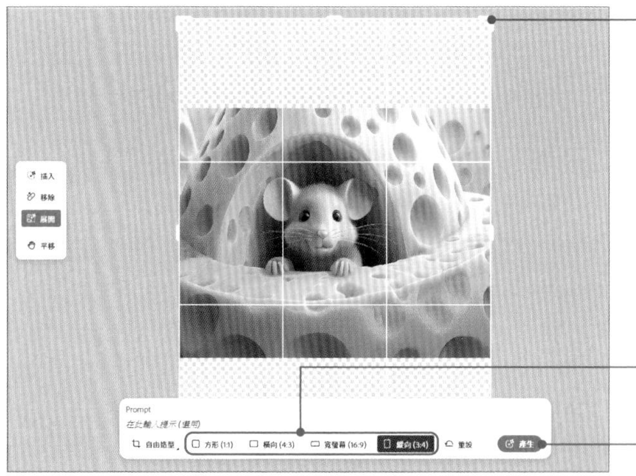

也可以直接在調整控點上拖曳，來擴大或縮小範圍（自由調整）

❹ 在此點選想要調整的比例

❺ 按下**產生**鈕

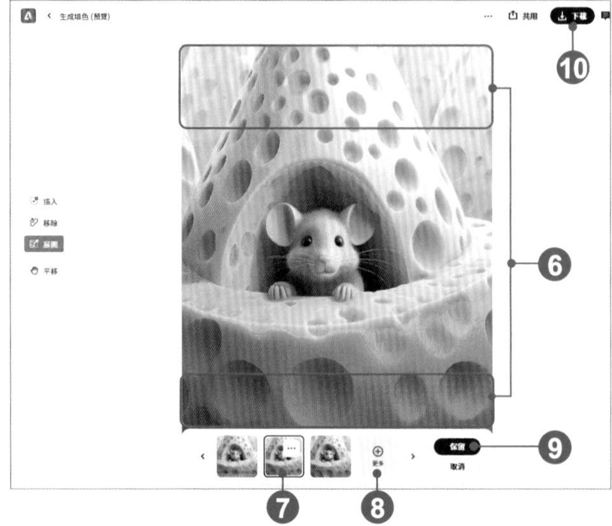

❻ 上、下的部份自動填滿與畫面融合的影像

❼ 可點選縮圖，挑選喜愛的影像

❽ 按下此鈕，繼續產生其他影像

❾ 若滿意目前產生的影像，請按下**保留**鈕

❿ 按下**下載**鈕，可儲存到電腦中

▲ 縱向 (3:4)

▲ 橫向 (4:3)

▲ 方形 (1:1)

▲ 寬螢幕 (16:9)

生成擴張功能，除了用來調整影像比例填補空白外，還有以下的應用，我們將在 Photoshop 篇以實例說明。

- 在人像照或是大頭照中新增背景
- 擴大產品影像的版面，以增加文字內容
- 將風景照延伸，製作出全景的壯闊感

Adobe Firefly 與 Photoshop 整合應用

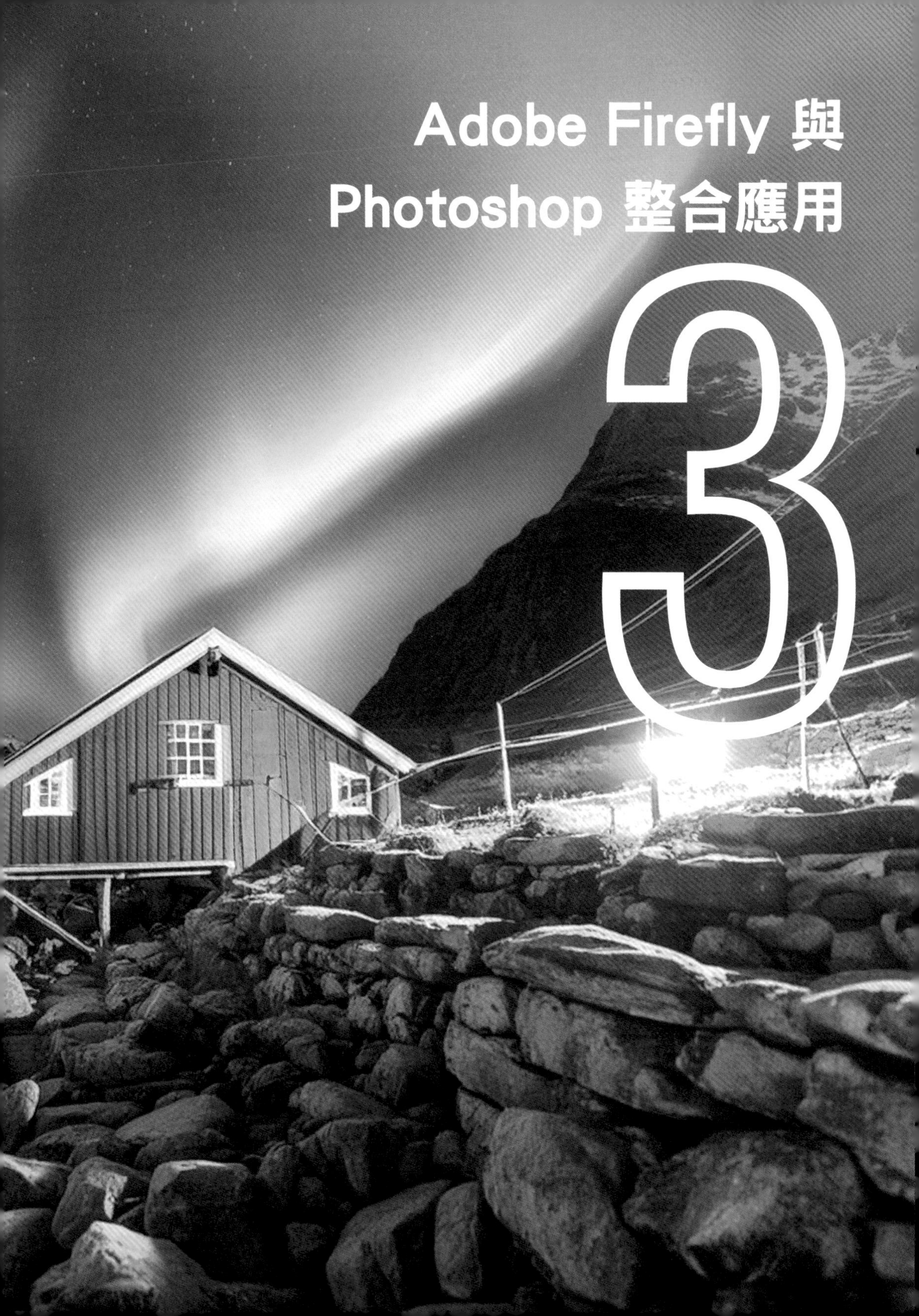

3

Unit

01 安裝 Photoshop (Beta)

生成式 AI 日漸普及，Adobe 當然也不會缺席，近期推出不少令人驚艷的便利功能，只要是 Adobe 的訂閱用戶，可以安裝 Photoshop (Beta) 版，搶先體驗新的生成式 AI 功能。

設定安裝的語言

Adobe Creative Cloud 預設會安裝英文版的應用程式，要安裝繁體中文版的應用程式，請如下設定：

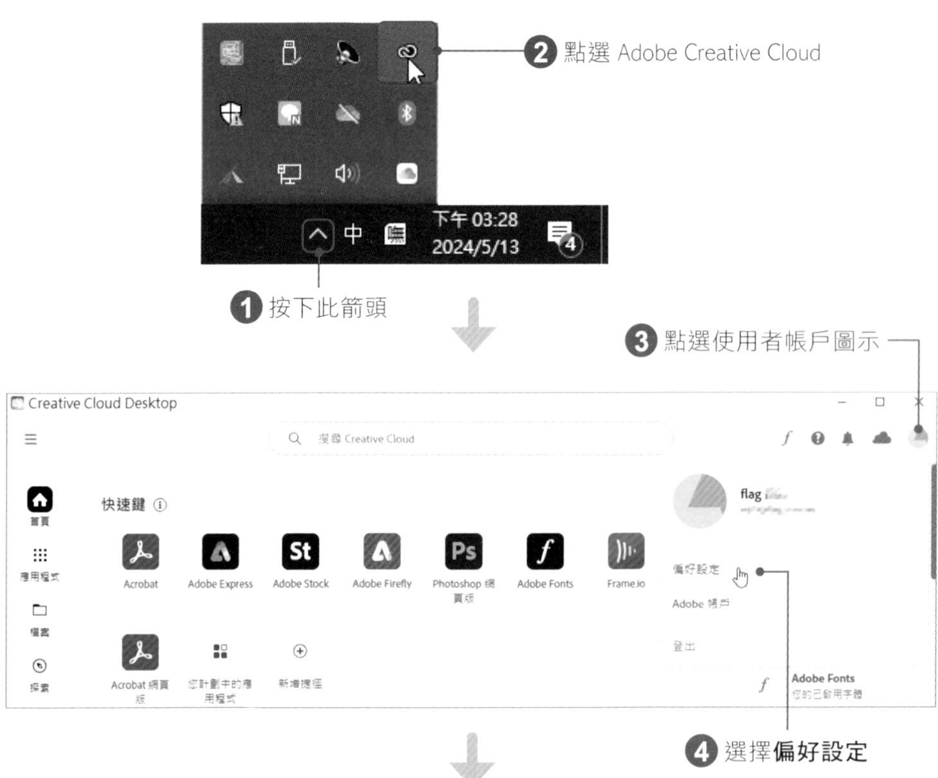

安裝及開啟 Photoshop (Beta)

設定好安裝語言後，就可以開始安裝 Photoshop (Beta)，請如圖設定：

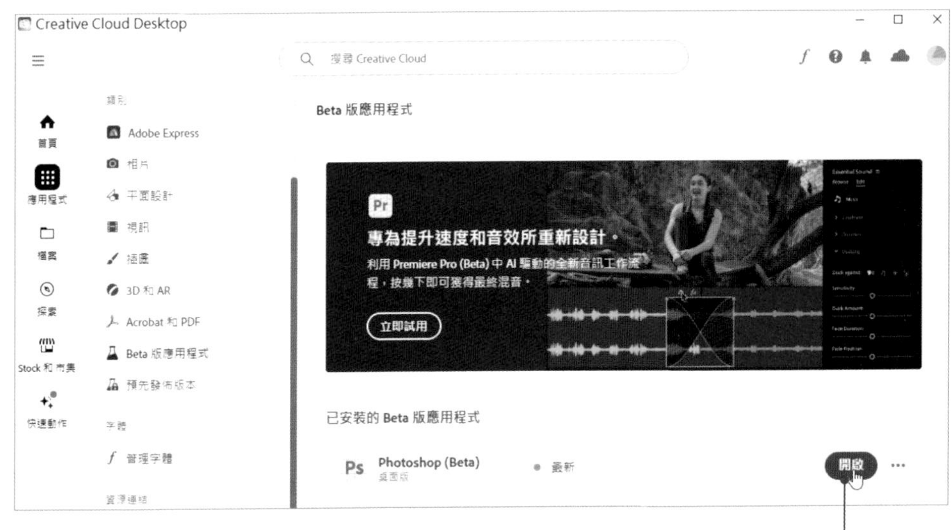

❹ 點選**開啟**鈕，即可開啟 Photoshop(Beta)

按下 PS 圖示，可進入工作區

按下此鈕，可建立新檔案

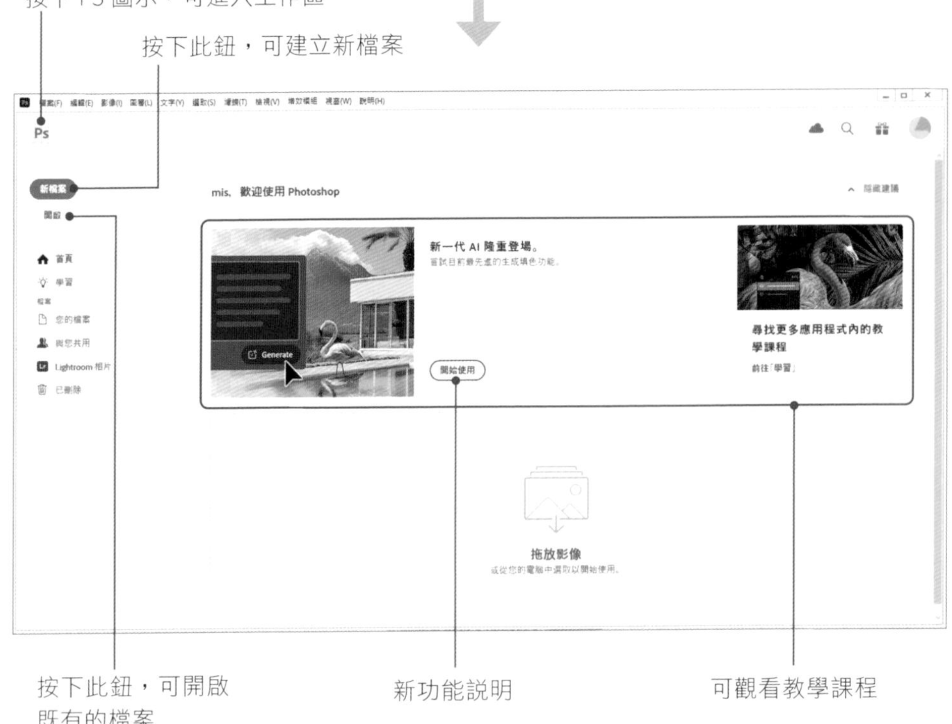

按下此鈕，可開啟既有的檔案

新功能說明

可觀看教學課程

關閉「自動顯示首頁畫面」

如果不習慣首頁畫面的操作，或是希望一開啟 Photoshop 就進入工作區，你可以將**自動顯示首頁畫面**關閉。 請在 Photoshop 中執行『**編輯 / 偏好設定 / 一般**』命令，開啟如下的畫面：

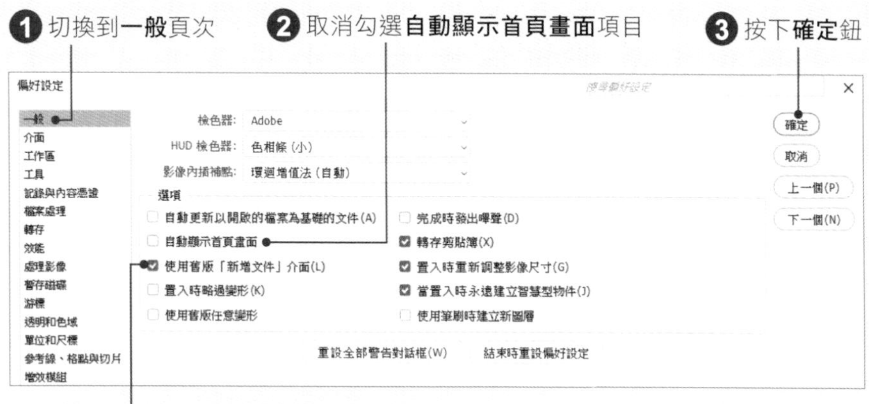

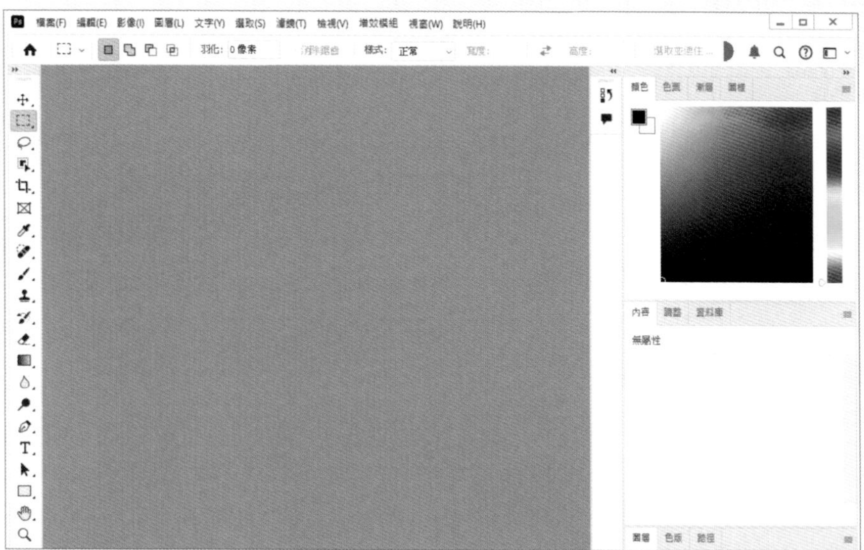

▲ 重新啟動 Photoshop，只要開啟過任何一張影像，首頁畫面就不會再顯示

確認 Photoshop 的版本

要在 Photoshop 中使用生成式 AI，必須安裝 Photoshop 25.0 之後的版本，而且電腦**必須連線到網際網路**，才能使用生成式 AI 的相關功能。啟動 Photoshop 時會顯示版本，若是來不及查看，可在進入工作區後，執行『**說明 / 關於 Photoshop**』命令：

啟動 Photoshop 時，這裡會顯示版本

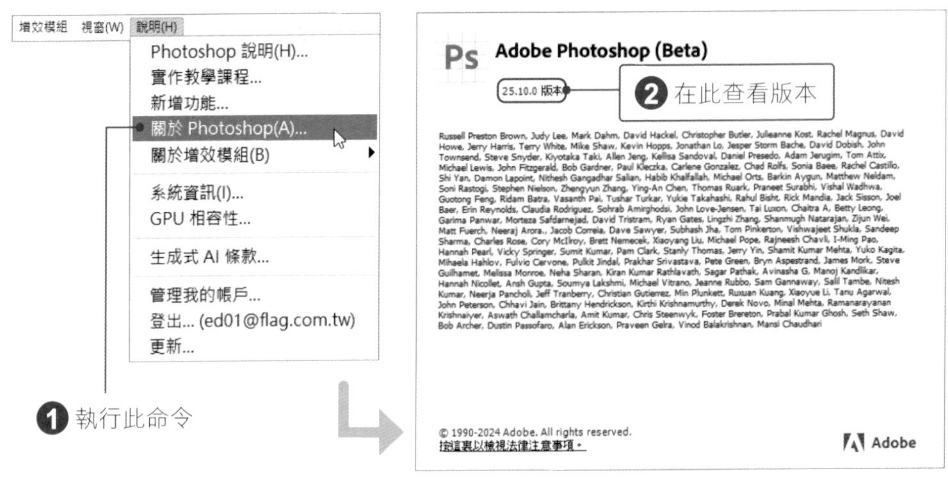

Unit

02 使用「生成填色」將文字轉換成影像

Adobe Photoshop 近期推出的 Beta 版 (25.10)，最大的特色就是加入了生成式 AI 功能，包括**生成填色**及**生成擴張**功能，並以非破壞性的方式在影像中新增、擴展、移除影像內容。這兩項功能會自然地融合影像的透視及光源，合成出自然且無痕的效果，最重要的是能夠商業使用。首先我們來試試**生成填色**令人驚艷的效果。

從無到有產生影像

Photoshop 的**生成填色** (Generative Fill) 功能，採用 Adobe Firefly Image3 模型，可以創造出更逼真且高品質的影像內容。**生成填色**可以從無到有產生一張影像，或是在既有的影像中將圈選範圍的元素移除，或是變換成其他元素。

要從無到有生成影像，只要輸入簡單的文字提示，即可運用**生成填色**功能產生影像。請先建立一份空白文件，並點選**工具**面板中的**矩形選取畫面工具**：

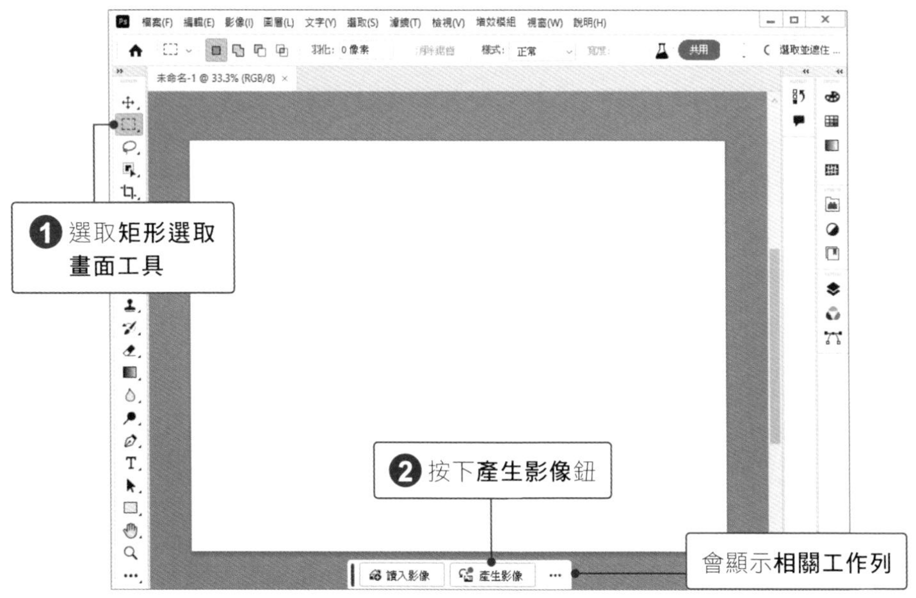

❸ 以文字描述要產生的影像

產生影像 ...

穿著太空裝的貓，站在火星上，旁邊有旗子

內容類型

作品方塊 相片

樣式

參考影像 >

效果

❹ 按下**產生**鈕

取消 產生

提示靈感

探索提示，混編並打造您的專屬內容

請注意，生成影像時必須連線到網際網路才能執行

若一時沒有靈感，可以點選圖庫中的縮圖，查看別人輸入的提示

提示 穿著太空裝的貓，站在火星上，旁邊有旗子

Adobe 應用程式中的生成式 AI
您可使用生成式 AI 技術以全新方式創作。
按一下「同意」，即表示您同意我們的 使用者原則。
取消
同意

❺ 出現此畫面後，請點選**使用者原則**了解 Adobe 的規範，再按下**同意**鈕

❻ 若是都不滿意，可按下**產生**鈕，繼續生成更多影像（每按一次**產生**鈕就會扣除生成式點數）

稍待一會兒，即會產生 3 張影像供你挑選

按下此鈕，可放大或縮小縮圖

產生 3 張新的影像供我們挑選

可點選縮圖或是按下左、右箭頭來切換影像

從無到有建立新影像後，**圖層**面板中也會自動建立一個**生成圖層**，若是不滿意這次生成的影像，可以直接刪除圖層。也可以像一般編修影像般使用**色階**、**曲線**、…等工具來調整影像。

儲存影像

要儲存生成的影像，只要執行『**檔案 / 儲存檔案**』命令，並選擇**存檔類型**即可。建議儲存一份 psd 檔，以便日後還能繼續修改，儲存成 psd 檔會保留**內容**面板中每次按下**產生**鈕生成的影像。

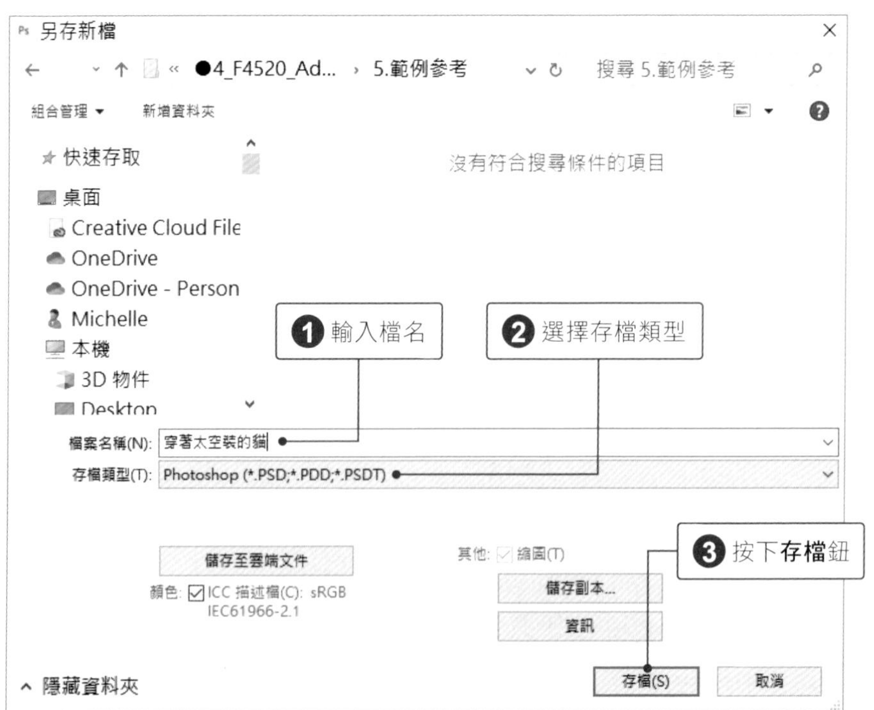

新增畫面中的元素

剛才的範例是在空白文件中生成影像，你也可以選取局部範圍，替畫面增添更多元素。沿續剛才的範例，我們想在畫面的左側新增一艘太空船。

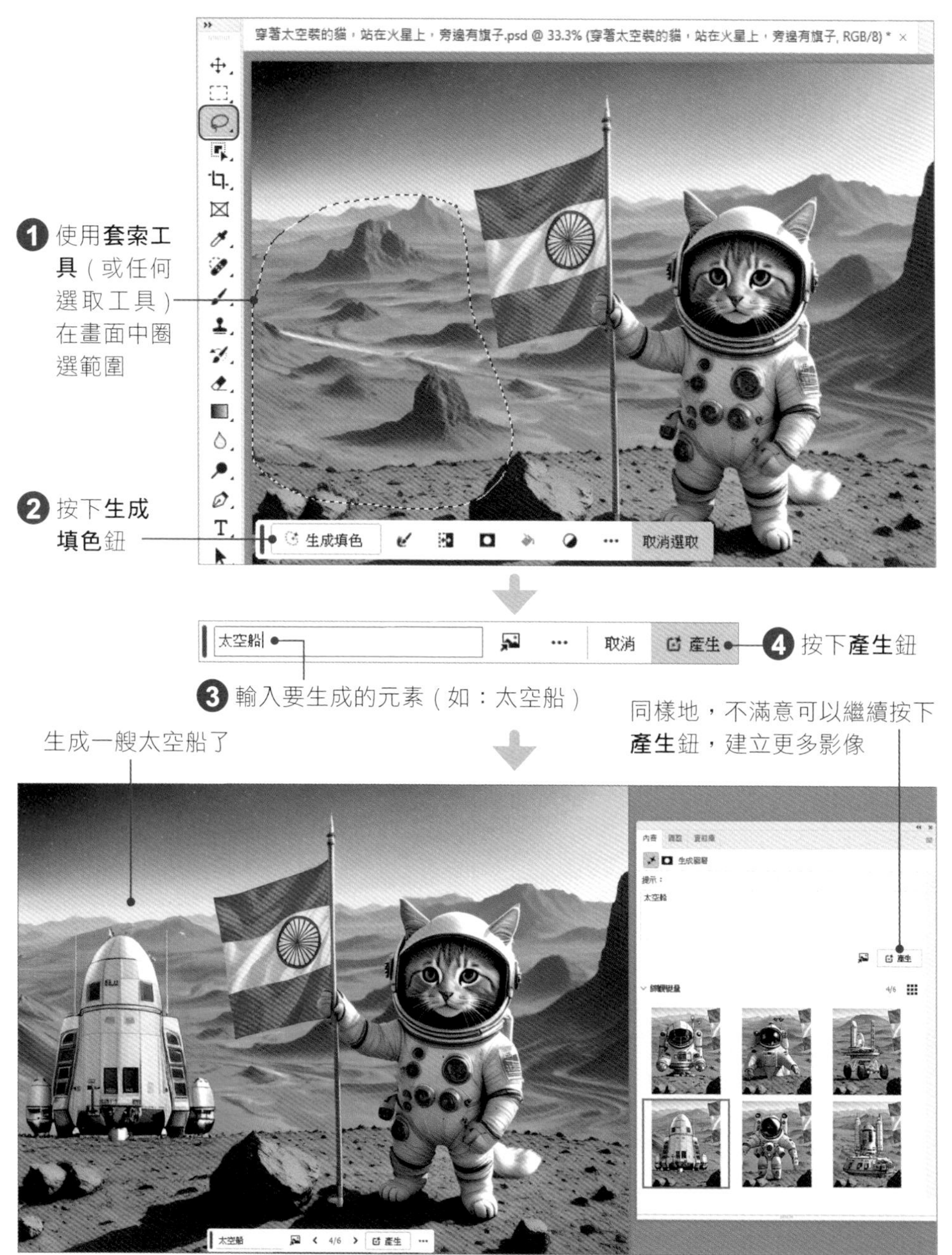

圖層面板中會繼續疊上新增的影像元素。

移除雜物

以往在 Photoshop 中要移除畫面中的雜物，可以使用**仿製印章工具**、**修補工具**、**內容感知移動工具**、**內容感知填滿**等來操作。現在只要選取出要移除的範圍，就可以交由**生成填色**功能來移除，而且光影的處理也非常協調，完全看不出合成的痕跡。

同樣沿用剛才的範例，這次我們想將畫面前方的大石頭移掉：

提示文字欄請保持空白，讓 Photoshop 自動根據周圍環境來填色

❹ 按下**產生**鈕

前景的石頭及陰影消失了

有 3 種清除後的結果可挑選

透過**生成填色**功能，除了可移除雜物，也可以用來修掉電線、路人、去痘痘、髮絲、…等。

產生類似項目

若是滿意生成後的影像，可以在生成的影像縮圖上按下**產生類似項目**，繼續依據此影像的結構產生類似影像。

❶ 將滑鼠移到縮圖上，點選右上角的**⋯**，再選取**產生類似項目**

也可以點選此項，快速移除背景

▼ 繼續產生 3 張類似的影像

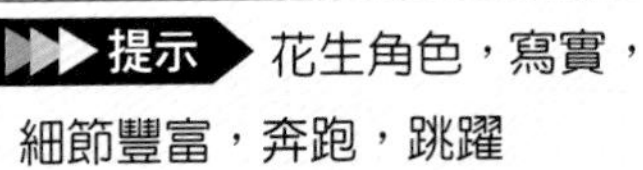

提示 花生角色，寫實，細節豐富，奔跑，跳躍

對生成的影像評分

如果生成的結果實在和預期差異太大，你可以將生成的影像評為**不良**，當然如果生成的影像符合我們想要的，也可以評為**良好**，當作 Firefly 訓練模型時的參考。

❶ 將滑鼠移到影像縮圖上，按下此圖示

綜觀變量
1/9
綜觀變量
1/9
≈ 產生類似項目
移除背景
良好
不良
報告

❷ 替影像評為**良好**或**不良**

按下此鈕，可直接刪除此影像

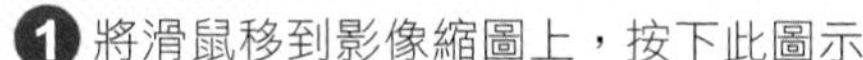

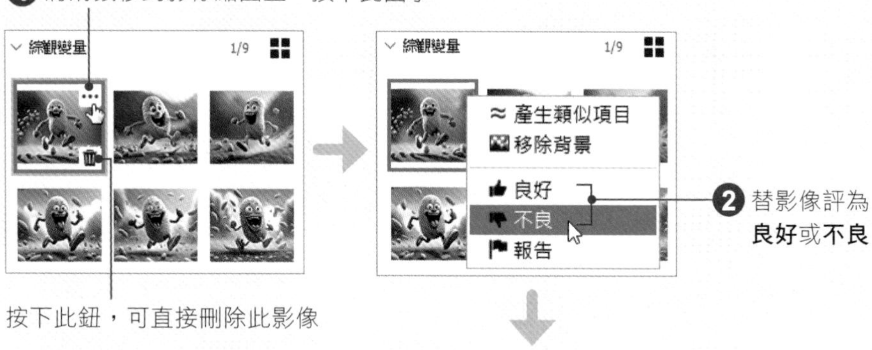

針對您的結果給予評等
請針對您的結果（上方所示），在各個類別給予評等：
我會將此結果用於我的專案。
非常不同意
不同意
中性
同意
非常同意
結果符合我的文字提示。
非常不同意
不同意
中性
同意
非常同意
結果看來可信。
非常不同意
不同意
中性
同意
非常同意
1000
新增備註（選用）
取消
提交意見回饋

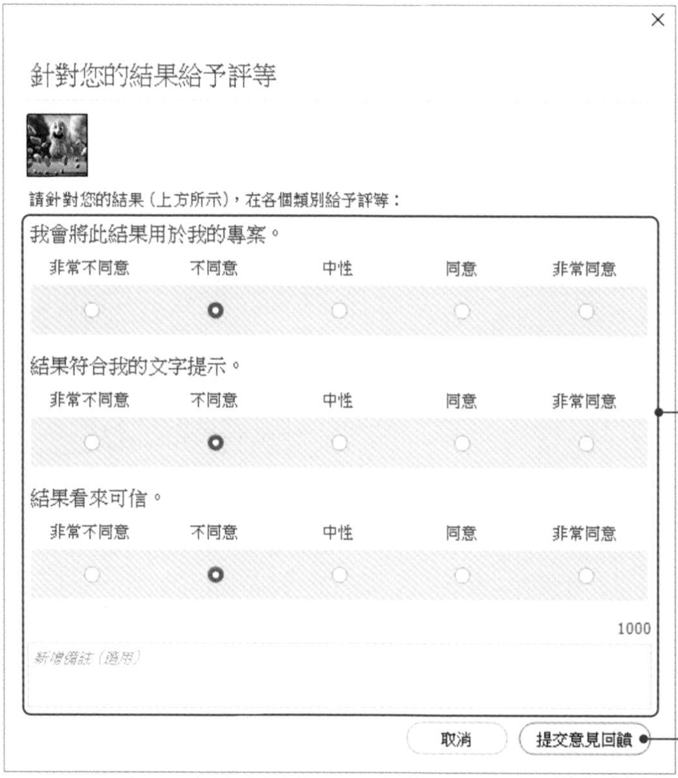

❸ 在此選擇評等或輸入描述

❹ 按下此鈕送出評等

→ 接下頁

若是生成的影像有非法內容、違反著作權、血腥、暴力、…等情形，可在縮圖上選擇**報告**，回報給 Adobe。

報告結果
選取所有適用項目 (必填)：
有害內容(H)
非法內容(L)
冒犯性的內容(O)
歧視性內容(B)
商標違反情事(T)
著作權違反情事(C)
裸露/色情內容(N)
暴力/血腥(V)
1000
新增備註 (選用)
取消
報告

▶ 選擇要回報的項目，再按下**報告**鈕

快速變換背景

以往想要替商品照、人像照變換背景，得先使用選取工具仔細選出主體，再反轉選取範圍，並逐一套用不同的背景影像，調整混合模式、曲線以產生融合效果較好的結果。現在利用**生成填色**功能，大大簡化作業流程，只要短短 5 秒鐘就能完成。

首先，執行『**選取 / 主體**』命令，選取人像的部份。

接著執行『**選取 / 反轉**命令，選取背景的部份。

選取(S) 濾鏡(T) 檢視(V) 增效模組 視窗(W

全部(A)	Ctrl+A
取消選取(D)	Ctrl+D
重新選取(E)	Shift+Ctrl+D
反轉(I)	Shift+Ctrl+I
全部圖層(L)	Alt+Ctrl+A
取消選取圖層(S)	
尋找圖層	Alt+Shift+Ctrl+F
隔離圖層	

按下**生成填色**鈕，輸入想要的背景，例如：圖書館。

更換成圖書館的背景了

這裡會秀出 3 種類似的構圖讓你挑選

Step 4

若是不滿意生成的背景，你可以繼續在**內容**面板裡的**提示**區輸入不同的描述，再按下**產生**鈕，繼續生成影像。

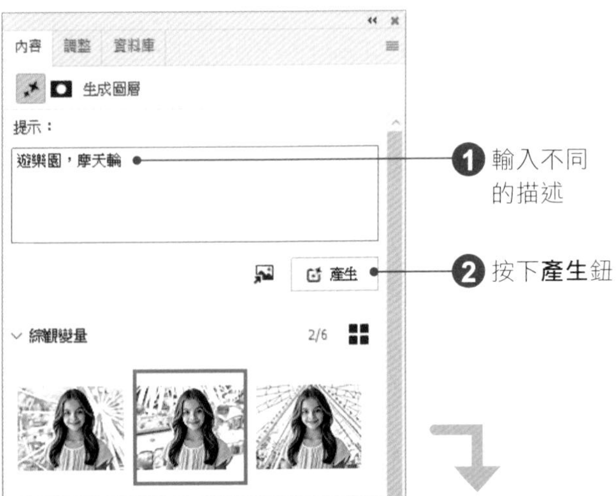

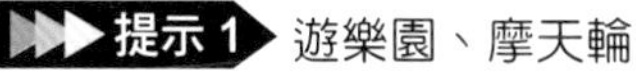

提示 1 遊樂園、摩天輪

提示 2 波斯菊花海、晴天

提示 3 咖啡館

快速去背

此外，在**相關工作列**中按下**移除背景**鈕，再利用**產生背景**功能，不但可以快速去背，也能變換背景，完全不需手動選取範圍。

❶ 在沒有選取任何範圍的狀態下，按下**移除背景**鈕

❷ 快速去背
圖層
色版
路徑
種類
正常
不透明度：100%
鎖定：
填滿：100%
圖層 0
會自動建立圖層遮色片，
保留主體的部份
產生背景
讀入背景
❸ 按下**產生背景**鈕
深藍色水波，水花潑濺
取消
產生
❹ 輸入想要創造的背景
❺ 按下**產生**鈕
內容
調整
資料庫
生成圖層
馬上更換成不同的背景

調整影像的亮度或色彩

若是生成的影像亮度不足或是想繼續調整影像的色調，可以切換到**調整**面板選用相關的工具來調整。例如剛才變換背景後的影像亮度及飽和度略顯不足，我們選用**曲線**工具來調整。

Unit

03 變換影像的風格及樣式效果

經過前面的練習，相信大家都已經感受到**生成填色**驚人的創意及合成效果了，其實你還可以利用**參考影像**或是**樣式效果**進一步變化影像的風格、類型，生成出更多有創意的影像。

挑選參考影像

使用**生成填色**建立影像時，可以按下**提示**欄旁邊的**參考影像**鈕，從內建的收藏館中挑選油畫、紙雕、素描、水墨畫、光斑、…等影像風格，這樣生成影像時就會參考選擇的影像風格、色調或結構來產生。

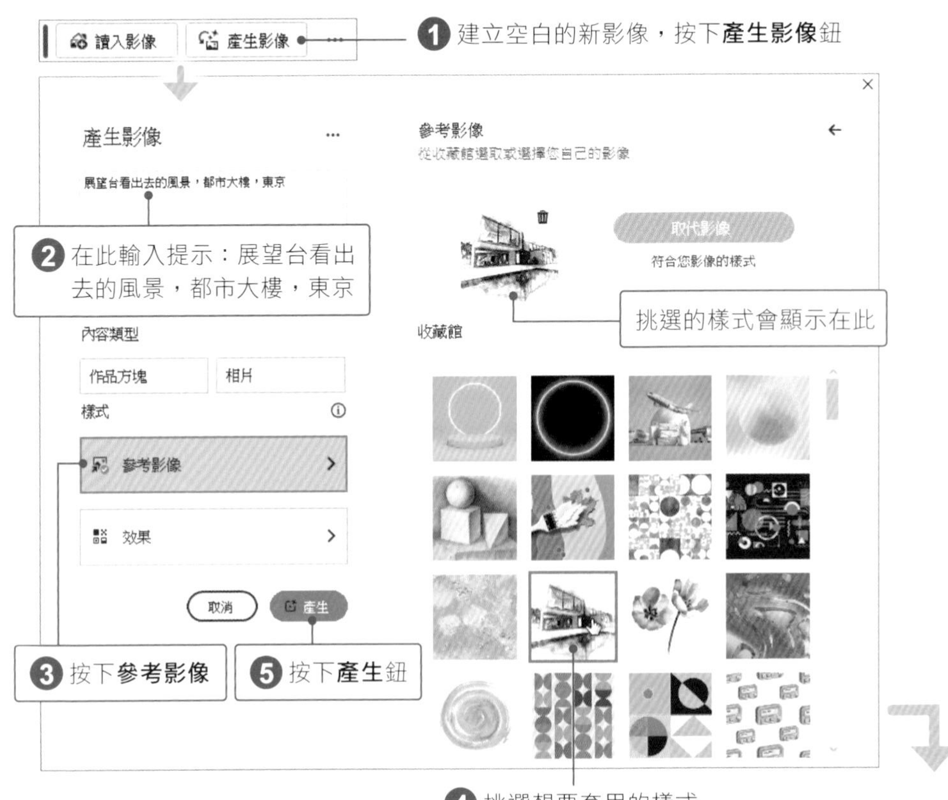

依照所選的影像產生繪畫風格的作品

也可以按下此鈕來選擇參考影像

提示 展望台看出去的風景，都市大樓，東京

變更參考影像

如果想試試看同樣的提示套用不同的效果，可以在**內容**面板中，再次按下**參考影像**鈕，挑選其他的參考影像：

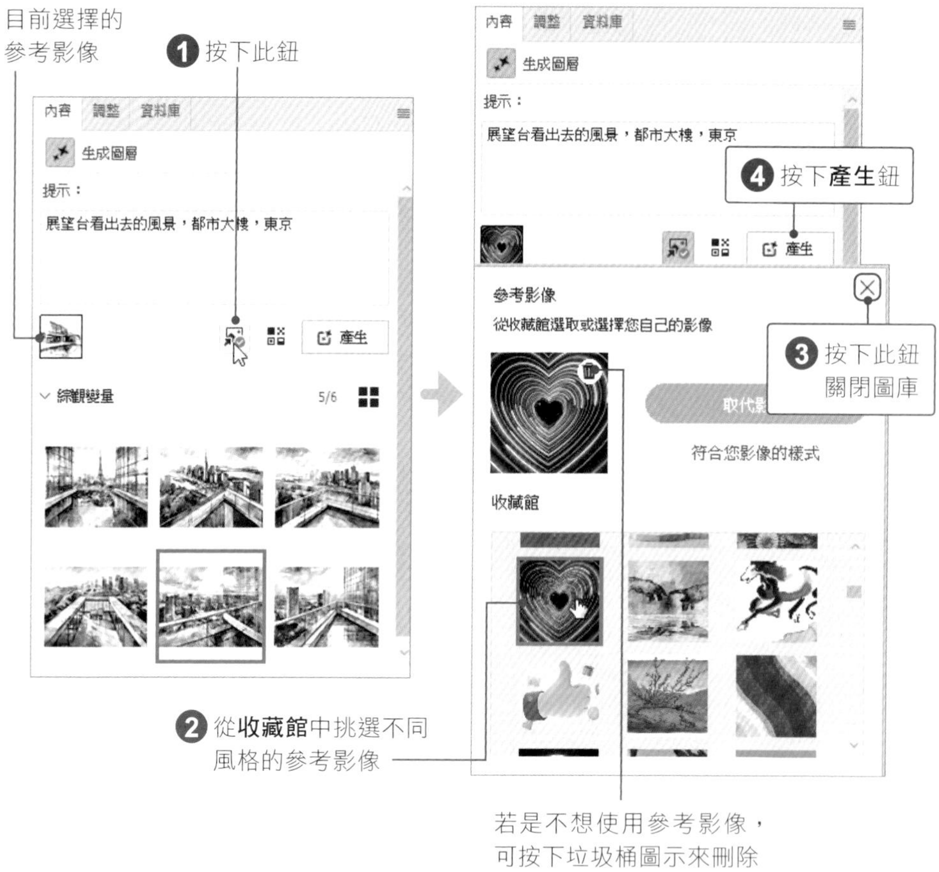

目前選擇的參考影像
❶ 按下此鈕
內容 調整 資料庫
生成圖層
提示：
展望台看出去的風景，都市大樓，東京
產生
綜觀變量 5/6
❷ 從收藏館中挑選不同風格的參考影像
❹ 按下產生鈕
參考影像
從收藏館選取或選擇您自己的影像
❸ 按下此鈕關閉圖庫
符合您影像的樣式
收藏館
若是不想使用參考影像，可按下垃圾桶圖示來刪除

▼ 產生色彩強烈的影像

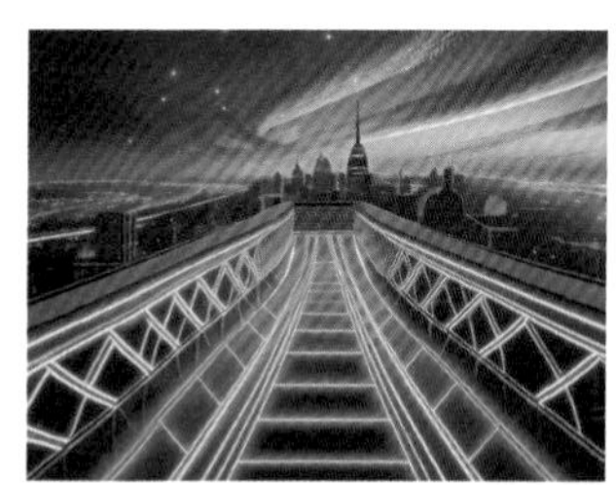

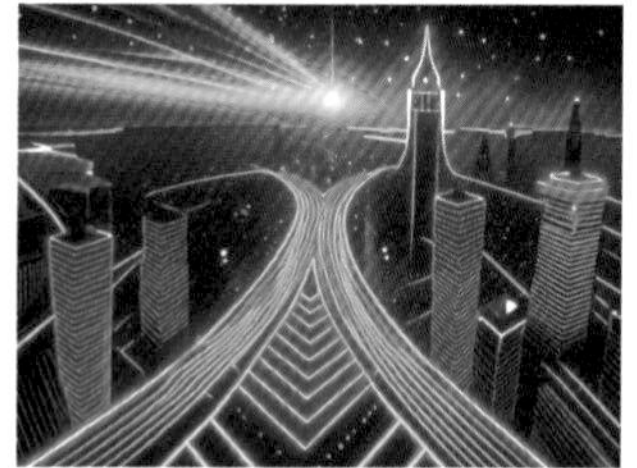

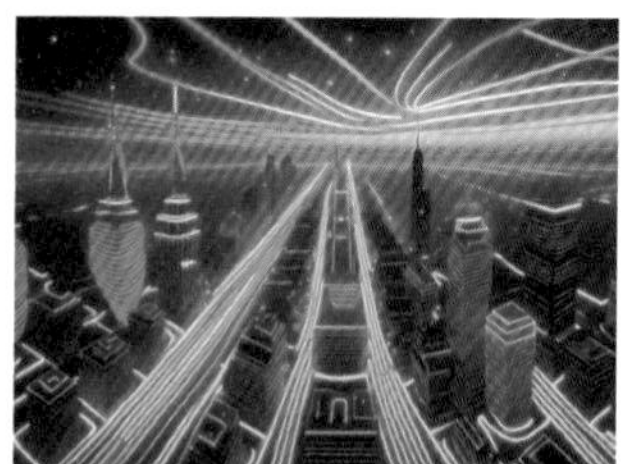

樣式效果

除了挑選**參考影像**外，還可以選擇**樣式效果**，來建立材質、散景效果、分層紙、巴洛克、野獸派、卡通、3D、大理石、木雕、…等效果，就像使用 Photoshop 的**濾鏡**功能一樣。

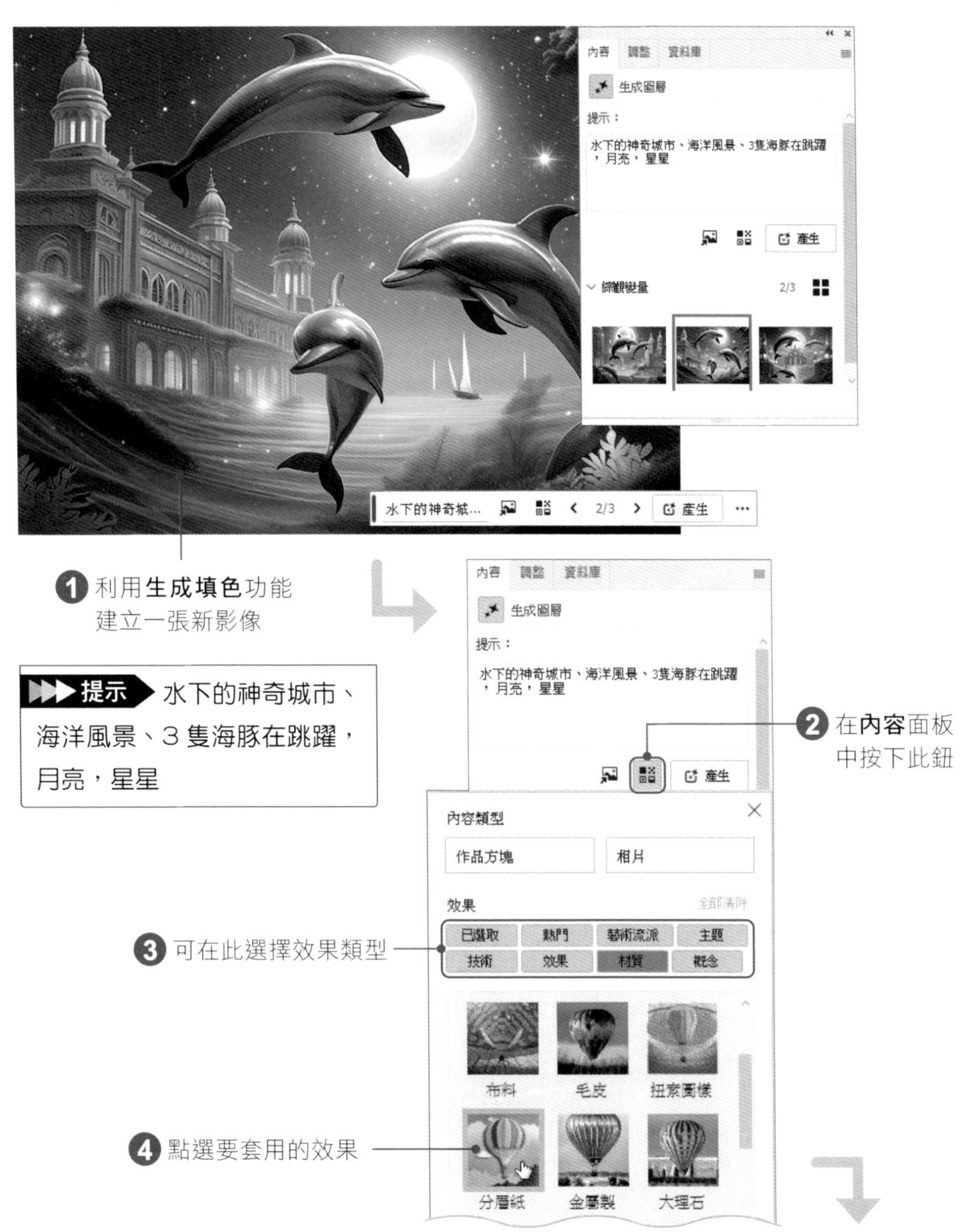

提示 水下的神奇城市、海洋風景、3 隻海豚在跳躍，月亮，星星

◀ 套用**分層紙**效果

清除套用的效果

樣式效果可以套用多個，並一層一層疊加上去，若是套用的效果不好，可以單獨取消此效果，或是一次清除所有效果。

▲ 目前套用了**紗**、**分層紙**、**散景效果**

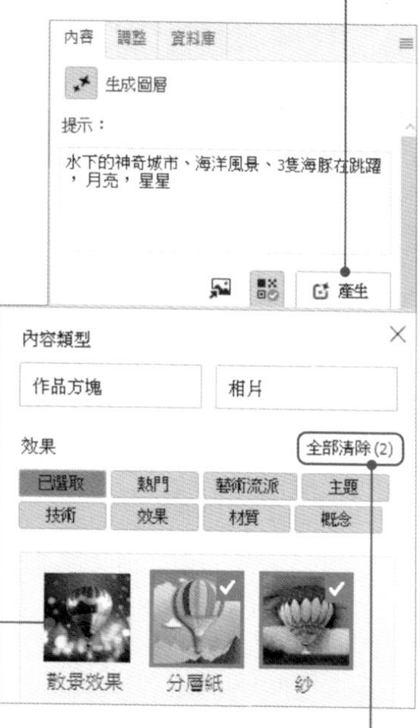

❷ 按下**產生**鈕，重新生成影像

❶ 套用**散景效果**後，影像不太協調，點選縮圖即可取消套用

若按下**全部清除**，可清掉所有套用的效果

◀ 只套用**紗**及**分層紙**效果

Unit 04

使用「生成擴張」功能，無限拓展影像內容

以往要進行大圖輸出，或是設計大型海報，常常會遇到影像尺寸不夠，得透過一些技巧來放大或合成影像，現在不用這麼麻煩了，透過**生成擴張**功能，可以無限拓展影像的內容。

使用「裁切工具」拓展影像

生成擴張 (Generative Expand) 功能是採用生成式 AI 技術生成或延伸影像內容，生成的影像會與既有的影像無縫融合。只要使用**裁切工具**拖曳出範圍，就可以快速完成。

▲ 這張影像採直幅拍攝，左右兩邊的景物較少，我們想將影像變成 3:2 的橫幅畫面

擴張前的影像尺寸：1792x2304 像素

❶ 選取**裁切工具**

❷ 出現裁切框後，拖曳左、右邊框

❸ 拖曳出想要的範圍

此欄位請保持空白

❹ 直接按下**產生**鈕，**生成擴張**功能會自動產生與內容融合的影像，並填滿空白處

◀ 原本直幅的影像變成橫幅了
（擴張後的影像尺寸：3456x2304 像素）

使用「生成填色」修補影像

剛剛產生的 3 張影像，其中第一張影像的左下角斑馬線有缺角，我們可以靈活使用**生成填色**來幫忙修補。

這裡的線條有破綻

❶ 利用**套索工具**圈選影像

❷ 建議圈選範圍大一點，以便有更多參考影像可判斷

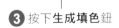

❸ 按下**生成填色**鈕

❹ 此欄維持空白

❺ 按下**產生**鈕

產生 3 張修補後的影像

▲ **圖層**面板會產生一個新的生成圖層，並自動加上圖層遮色片

▲ 此張圖的修補結果有點模糊

◀ 此張圖的補修結果雖然比第一張好，但此處的線條還是不平順

◀ 此張圖的補修結果比較好

使用「生成擴張」功能增添影像中的景物

剛才的範例是利用**生成擴張**功能自動依畫面內容擴展影像，如果希望畫面中包含某些元素，只要輸入簡單的文字提示就可以建立。

1 點選**裁切工具**
2 在**選項列**拉下列示窗，選擇 16:9
3 出現裁切框後，向右拖曳右框線
按住影像後拖曳，可調整影像的位置
4 按下**生成擴張**鈕，在此輸入要增添的景物（如：馬爾地夫，海上屋）
5 按下**產生**鈕（或是在影像的空白處上快速按兩下滑鼠）

加入新的景物

拉直影像

剛才建立的影像，水平面有一點傾斜，會讓畫面看起來不平穩，我們可以使用**裁切工具**的**拉直**工具來調整。

❶ 按下**選項列**的**拉直**鈕
❷ 沿著水平面，從左方拖曳到右方
這裡會顯示傾斜的角度 (0.3 度)

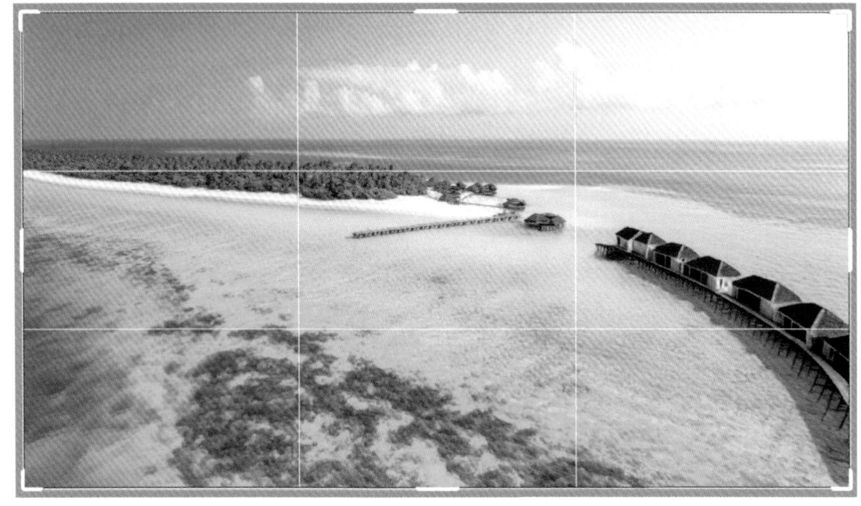

▲ 放開滑鼠後就會自動拉直影像，並裁切掉因旋轉角度產生的空白

自訂裁切比例

透過**裁切工具**來擴充影像，除了可自由拉曳裁切框的範圍外，也可以從**選項列**或是**相關工作列**中，選擇固定的比例，例如 16:9、2:3、1:1、…等等。

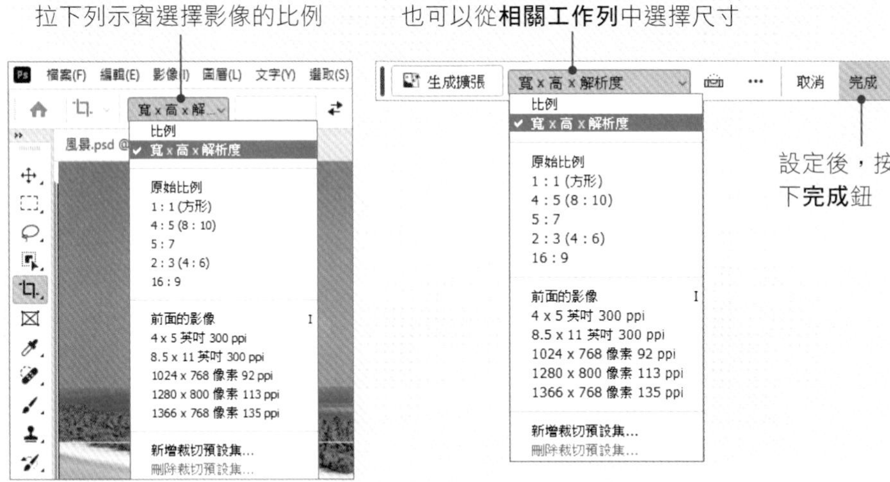

Unit

05 移除大型景物

有時候因為拍攝角度的關係，沒辦法拍到理想的構圖，現在有了生成式 AI 的輔助，不需塗塗抹抹自己仿製影像，不論是想要移除龐然大物、遊客、雜物，都沒有問題！

以此範例而言，我們想要移除右下角的石塊，以往得要使用**仿製印章工具**來回仿製大海的部份來塗掉石塊，現在使用**移除工具**，三兩下就能完成了。

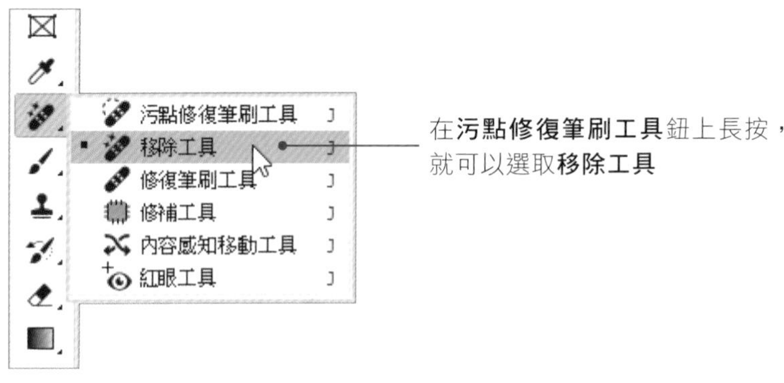

在**選項列**中將筆刷調大以方便塗抹，並勾選**在每一筆觸後移除**項目，接著在影像中塗抹要移除的景物。

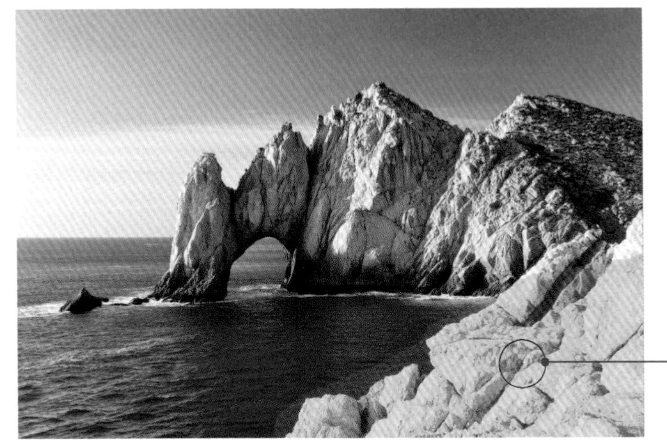

塗抹要移除的景物，塗抹的區域會以紅色呈現

請一次塗抹完要移除的區域，不要放開滑鼠，若是放開滑鼠就會開始進行合成處理。

Step 3

移除右下角的石塊後，看起來效果還不錯，不過海面上有點不自然，我們再利用**生成填色**功能來加強。

▲ 合成後的效果還不錯

使用**套索工具**選取右下角的海面，按下**生成填色**鈕，讓**提示**欄保持空白，並按下**產生**鈕。

Step 5

從生成的影像中挑選大海融合比較自然的影像就完成了！

Unit

06 快速將白天變成傍晚

在拍攝景色優美的風景時，你可能會想「如果是日落時的雲彩應該會更美」，或是「如果天邊有彩虹就更棒了」。在生成式 AI 的時代，想要不同氣候的照片都能夠實現。

執行『**選取 / 天空**』命令，讓 Photoshop 自動偵測影像中的天空部份。

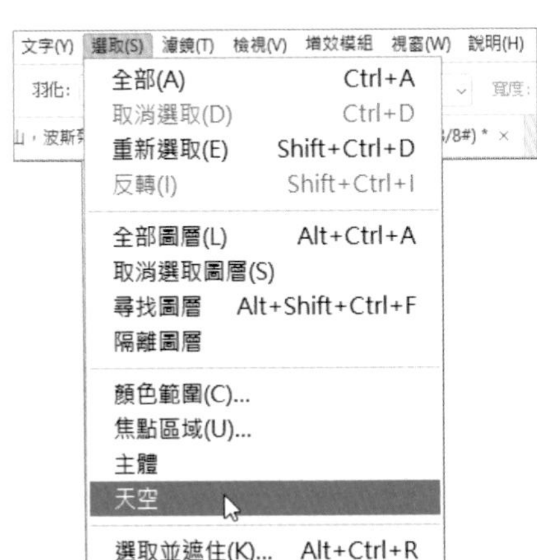

▲ 自動選取天空的部份，完全不用手動選取

按下**生成填色**鈕，在**提示**欄輸入「夕陽西下，晚霞」，並按下**產生**鈕。

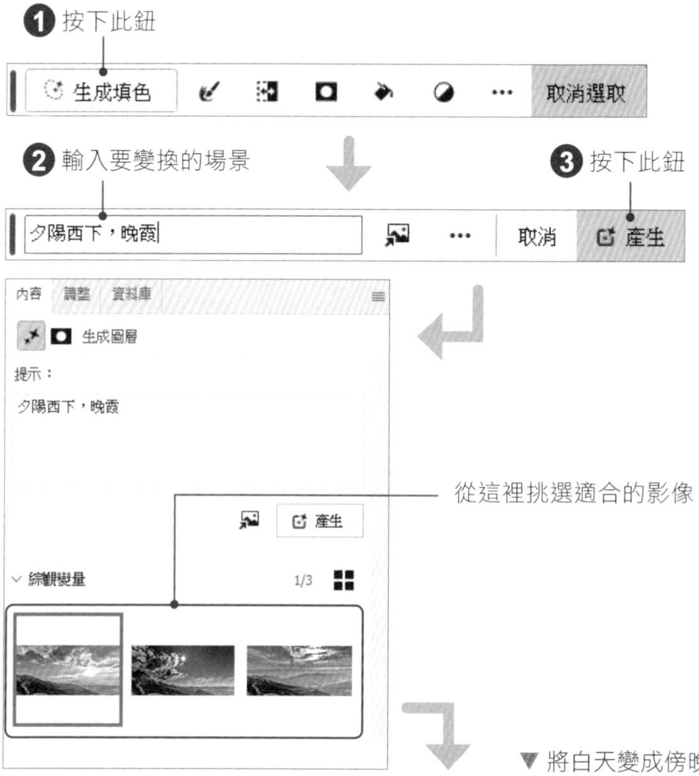

▼ 將白天變成傍晚了

修飾合成後的結果

Photoshop 雖然能輕易將白天變成傍晚，但是如果仔細看，會發現上半部的山脈形狀改變了，雖然這是為了配合傍晚的光線與邊界的融合度而做的調整，如果不希望變動原本的畫面景物，可以利用**筆刷工具**，修飾圖層遮色片塗抹不要（或想保留）的區域，再利用**加亮工具**或**加深工具**局部調整影像的明亮度。

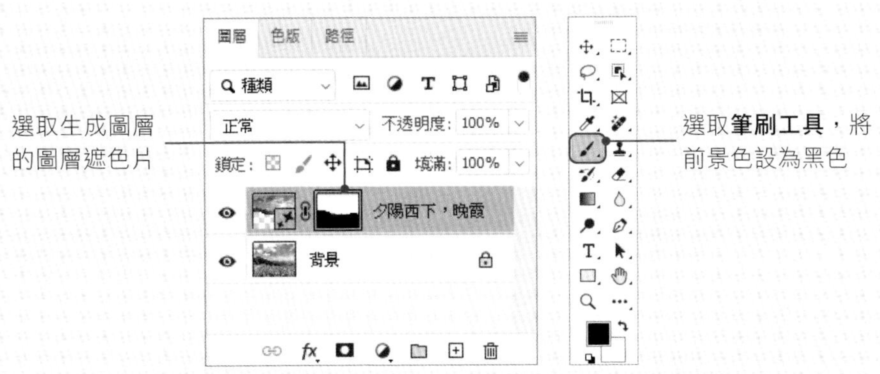

在此要塗掉生成影像的部份

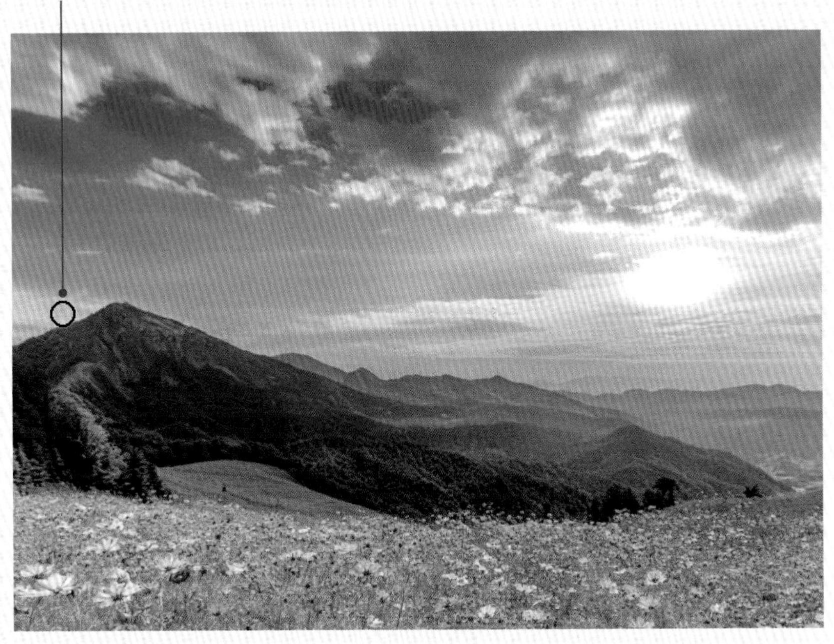

Unit

07 變更商品的設計

在進行產品設計時，如果想看看套用到商品上的效果，可能得透過 3D 建模變換材質，現在用 Photoshop 可以快速替商品變更不同的設計，節省許多繁雜的流程。

After

Before

使用**物件選取工具**選取球鞋。點選**物件選取工具**後，只要圈選出球鞋的範圍，就會自動偵測邊緣精準選取球鞋。

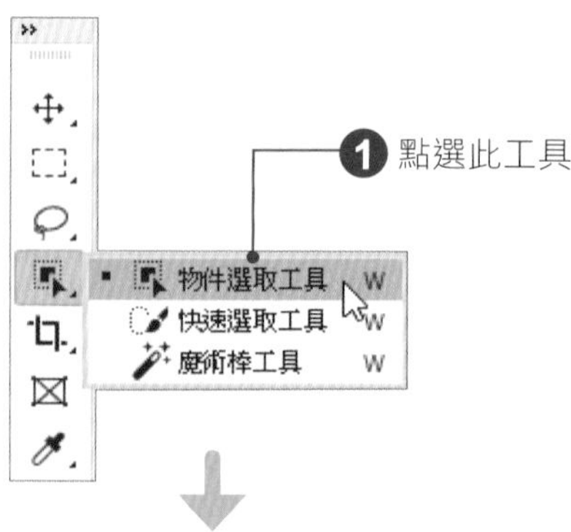

❷ 從左上往右下拖曳滑鼠，圈選出整個球鞋的範圍

完整選取球鞋的範圍

選取範圍後，會出現**生成填色**的相關工作列

選取球鞋後，請按下**生成填色**鈕，並輸入要生成的內容。

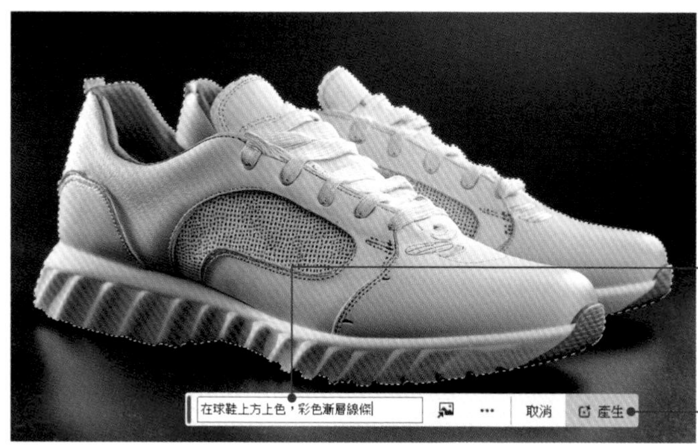

❶ 輸入提示：在球鞋上方上色，彩色漸層線條

❷ 按下**產生**鈕

生成 3 張影像，從中
挑選喜歡的樣式

以點選的方式選取物件

使用**物件選取工具**也可以直接在物件上點選，滑鼠經過的地方會自動判斷物件範圍，在影像上按一下就可以選取。

選用**物件選取工具**後，將滑鼠移到影像上，會自動識別物件的範圍，並以粉紅色標示，在影像上按一下即可選取

由於我們還要選取另一雙球鞋，請在**選項列**中按下**增加至選取範圍**鈕，再繼續使用**物件選取工具**選取。

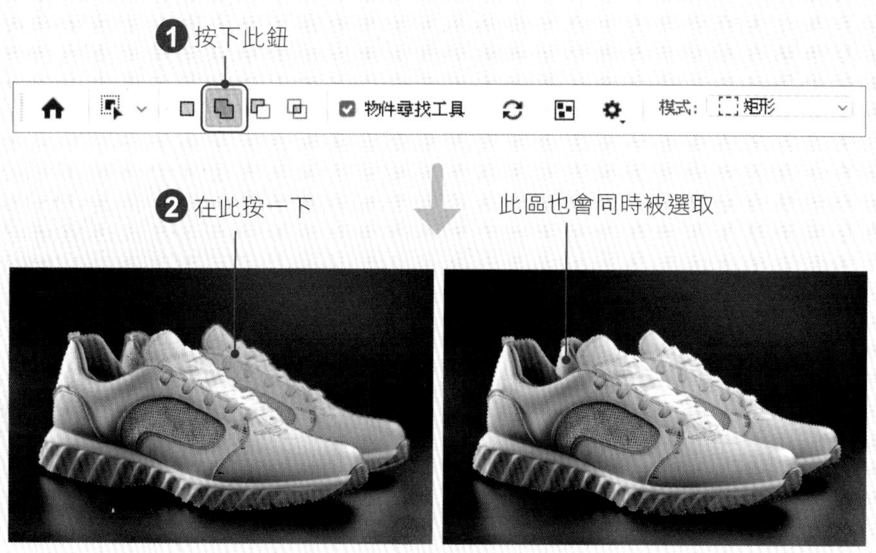
❶ 按下此鈕
物件尋找工具
模式：
矩形
❷ 在此按一下
此區也會同時被選取

Unit

08 變更人像的穿著

除了剛才的應用外，我們還可以利用**生成填色**來變換人像的穿著，例如原本是穿著工作圍裙的女員工，我們可以讓他一秒變成上班族。

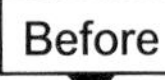

After

使用**套索工具**圈選身體的部份，不需仔細圈選，只要圈選出大約的範圍即可。

按下**生成填色**鈕，輸入提示就完成了。

❷ 按下**產生**鈕

❶ 輸入提示：上班族套裝，高跟鞋

生成 3 張影像，讓我們挑選

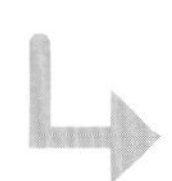

Unit

09 沒有繪畫天份別擔心，用 AI 就能輕鬆素描

如果臨時需要素描來與作品搭配，但又擔心畫工不好，這時只要打打字輸入想要的內容，AI 就能馬上生出一張專業的素描了！

首先，使用**矩形選取畫面工具**選取素描的範圍，並按下**生成填色**鈕。

❶ 選取此範圍

❷ 按下此鈕

馬爾濟斯狗，鉛筆素描 ··· 取消 產生

❸ 輸入提示：馬爾濟斯狗，鉛筆素描

❹ 按下**產生**鈕

立即產生 3 張影像供我們挑選。

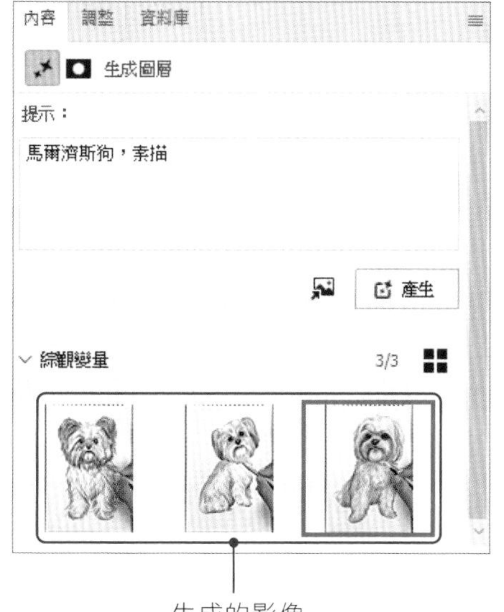

生成的影像

▲ 此影像在鉛筆的前端有破綻

▲ 此影像在鉛筆的前端變成黃色筆芯，
手指也凸出來

▲ 此影像在鉛筆前端變成黑色了

Step 3 生成的 3 張影像都有一些破綻，我們挑選第 2 張影像，並透過**筆刷工具**來修飾圖層遮色片。

挑選此影像來做修飾，在此要將筆芯恢復成黑色

修掉這部份的手指

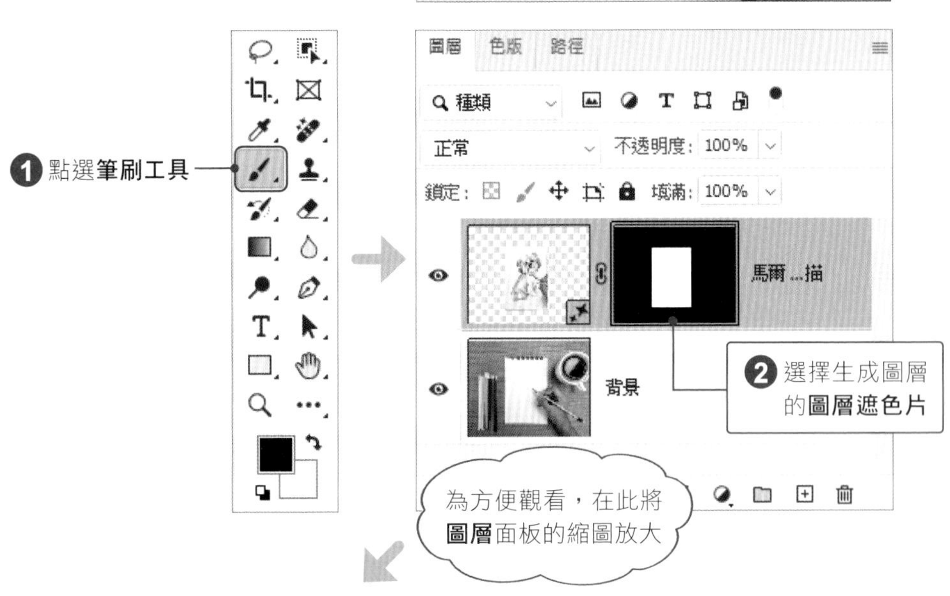

❶ 點選**筆刷工具**

❷ 選擇生成圖層的**圖層遮色片**

為方便觀看，在此將**圖層**面板的縮圖放大

將**前景色**設為黑色，並用**筆刷工具**在鉛筆的筆尖處塗抹，讓原影像的黑色筆芯顯示出來

接著要修掉多出來的手指頭，請用**套索工具**選取手指：

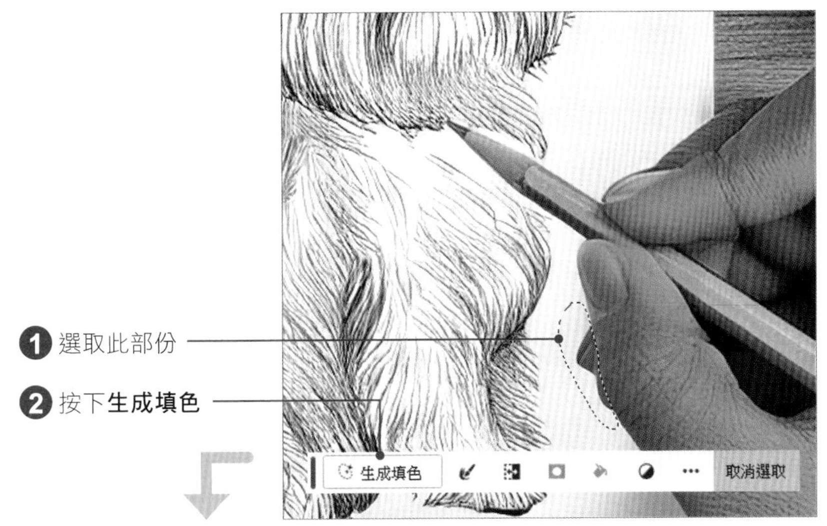

❶ 選取此部份

❷ 按下**生成填色**

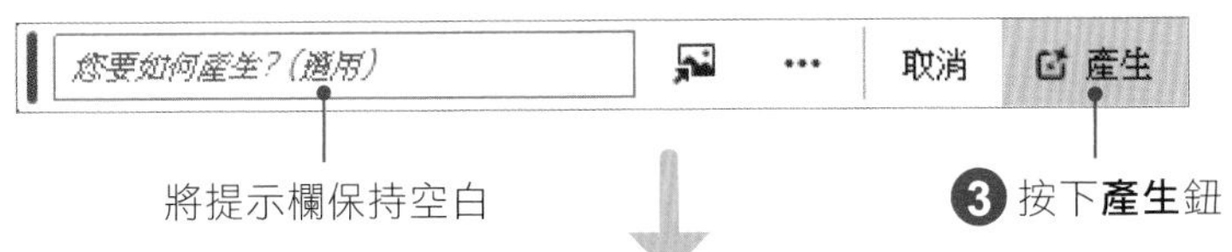

將提示欄保持空白

❸ 按下**產生**鈕

修掉多餘的手指了

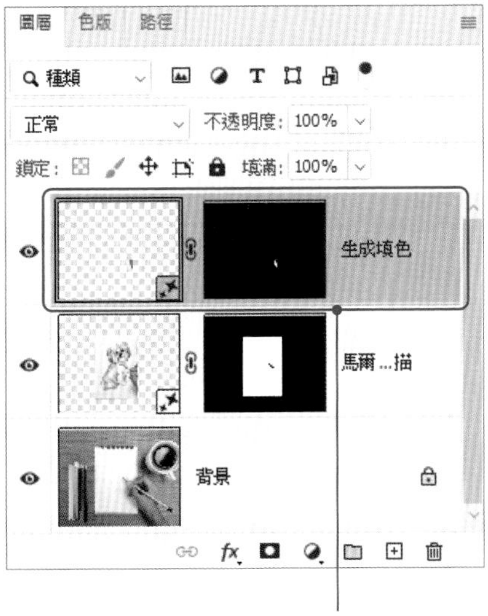

圖層面板會新增一個生成圖層（修掉手指的部份）

調整「圖層」面板的縮圖大小

要調整**圖層**面板的縮圖大小，可以開啟**面板選項**，如下做設定：

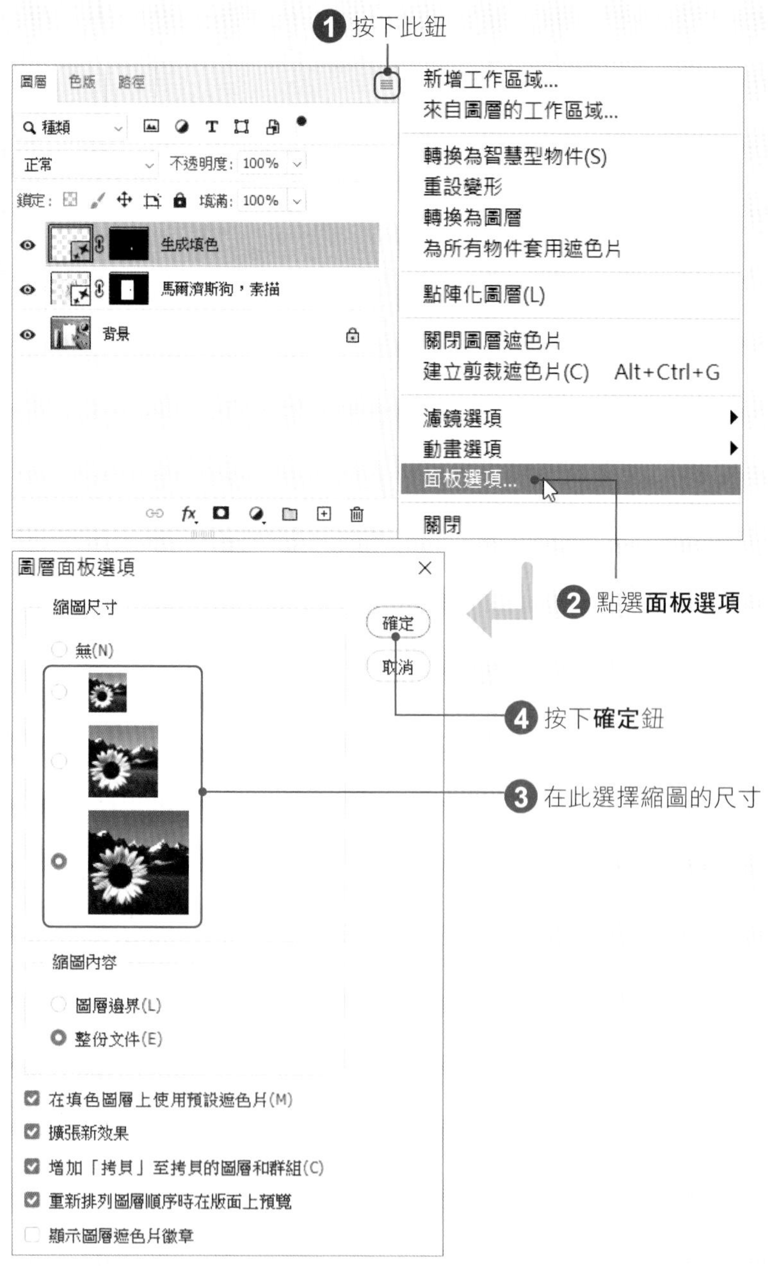

Unit

10 合成素材改變影像氛圍

有時候希望照片有光線照射的感覺，但礙於天候因素沒辦法拍出這樣的照片，現在可以用生成式 AI 來輔助，在影像中加上光影，製造出不同的氛圍。

Before

開啟要合成的影像。點選**矩形選取畫面工具**後，按下 Ctrl + A 鍵，選取整張影像。

按下**生成填色**鈕，輸入提示後，按下**產生**鈕。

❶ 按下此鈕

生成填色　取消選取

❷ 輸入提示

❸ 按下**產生**鈕

白色背景上，葉子陰影　取消　產生

內容　調整　資料庫

生成圖層

提示：

白色背景上，樹葉影子

產生

綜觀變量　2/3

產生 3 張影像

挑選好想要的陰影後，接著調整圖層的混合模式，在此調整為**加亮顏色**、**不透明度**：50。

▼ 加上陰影，並調整混合模式後，看起來就像在窗邊用餐一樣，有光線灑落進來

4

Adobe Firefly 與 Illustrator 整合應用

Unit

01 安裝 Illustrator (Beta)

設定安裝的語言

Adobe Creative Cloud 預設會安裝英文版的應用程式，要安裝繁體中文版的應用程式，請如下設定：

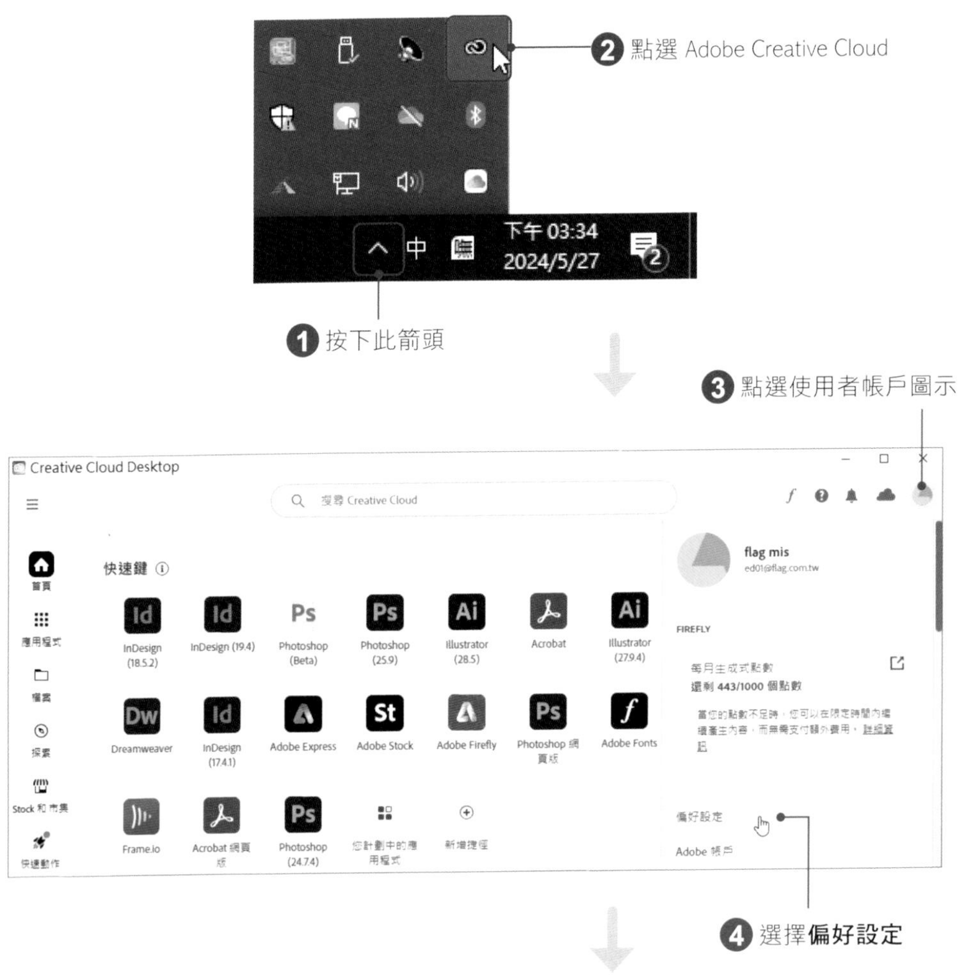

安裝及開啟 Illustrator (Beta)

設定好安裝語言後，就可以開始安裝 Illustrator (Beta)，請如圖設定：

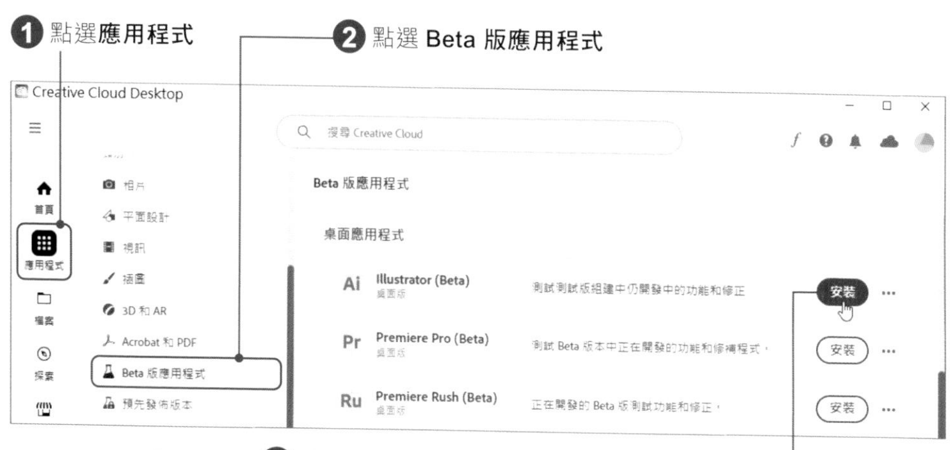

❹ 點選**開啟**鈕，即可開啟 Illustrator (Beta)

按下 Ai 圖示，可進入工作區

按下此鈕，可建立新檔案

按下此鈕，可開啟既有的檔案

可在此切換到首頁、教學課程，或是相關的檔案操作

可觀看教學課程

關閉「自動顯示首頁畫面」

如果不習慣首頁畫面的操作，或是希望一開啟 Illustrator 就進入工作區，你可以將**顯示首頁畫面**關閉。請在 Illustrator 中執行『**編輯 / 偏好設定 / 一般**』命令，開啟如下的畫面：

❶ 切換到**一般**頁次

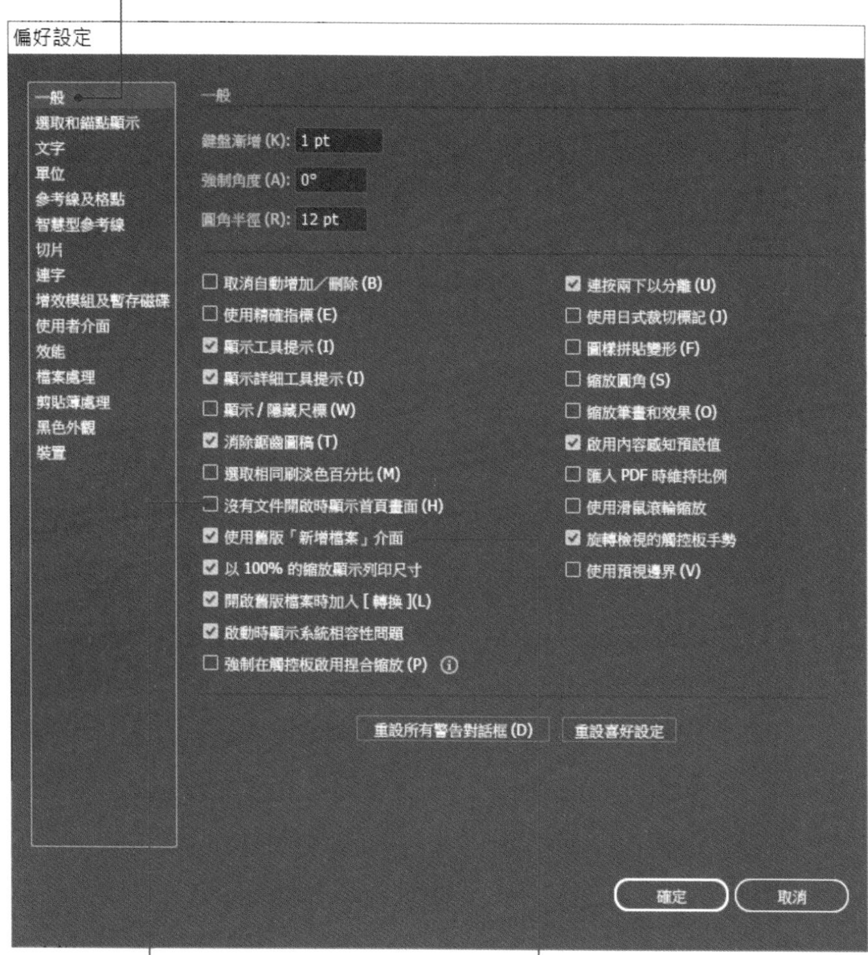

❷ 取消勾選**沒有文件開啟時顯示首頁畫面**項目

若不習慣新版的「新增檔案」操作，也可以勾選此項，使用舊版的介面來操作

→ 接下頁

❹ 點選此亮度（此設定請依個人的習慣決定是否調整，在此是為了印刷的舒適度而調整），設定完成按下**確定**鈕

❸ 接著切換到**使用者介面**

▲ 重新啟動 Illustrator，就不會顯示首頁畫面

確認 Illustrator 的版本

要在 Illustrator 中使用生成式 AI，必須安裝 Illustrator 2024 年 (28.5 版) 之後的版本，而且電腦**必須連線到網際網路**，才能使用生成式 AI 的相關功能。請執行**『說明 / 關於 Illustrator』**命令：

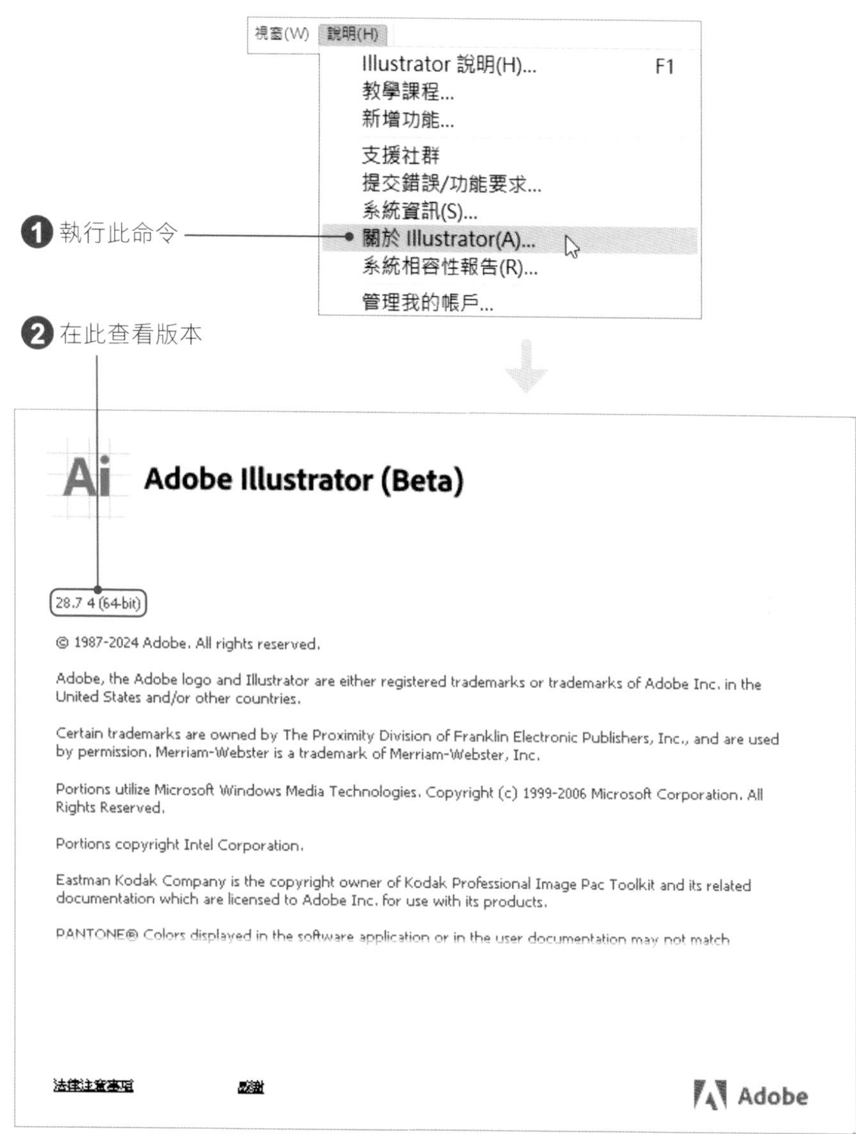

Unit 02

輸入文字就能建立向量圖形

Firefly 模型是首創的向量圖生成式引擎，可以在 Illustrator 2024 版中產生可縮放、可編輯的向量圖形，其功能名稱為**以文字建立向量圖形** (Text to Vector Graphic)，有了這項功能，就算對畫畫不在行的人，也能將構想轉換成插圖。

建立背景 (場景)

以文字建立向量圖形可以建立**場景**、**主體**及**圖示**，只要輸入你想像得到的描述，Illustrator 就能產生多種版本供你挑選。產生的向量圖形會自動群組排列，你可以進一步使用 Illustrator 的各項工具來微調圖形細節，也能夠縮放圖形。

1. 首先，請執行『**檔案 / 新增**』命令，建立一份新文件，文件的尺寸不均，在此以 **A4** 做示範。

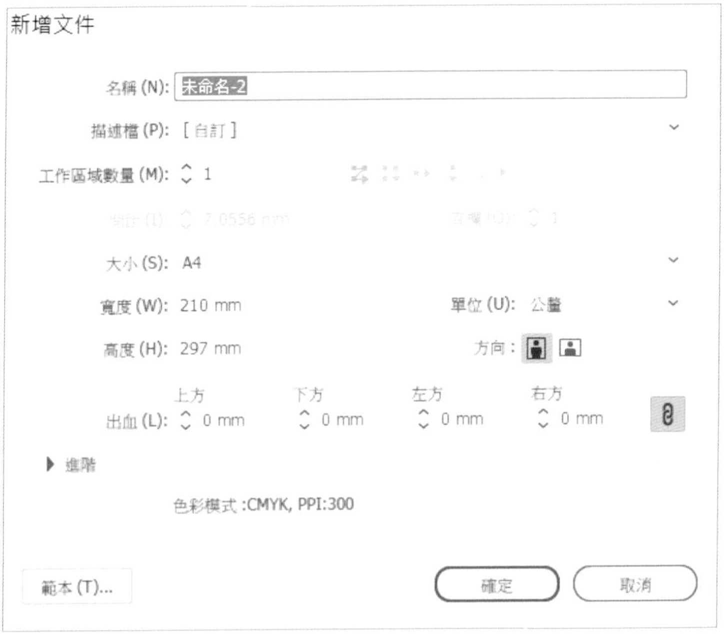

新增文件

名稱 (N): 未命名-2
描述檔 (P): [自訂]
工作區域數量 (M): 1
大小 (S): A4
寬度 (W): 210 mm　單位 (U): 公釐
高度 (H): 297 mm　方向：
出血 (L): 上方 0 mm　下方 0 mm　左方 0 mm　右方 0 mm
▶ 進階
色彩模式 :CMYK, PPI:300
範本 (T)...　確定　取消

接著在下方會看到**相關工作列**，由於我們想先建立場景，所以不選取範圍，直接按下**產生向量**鈕。

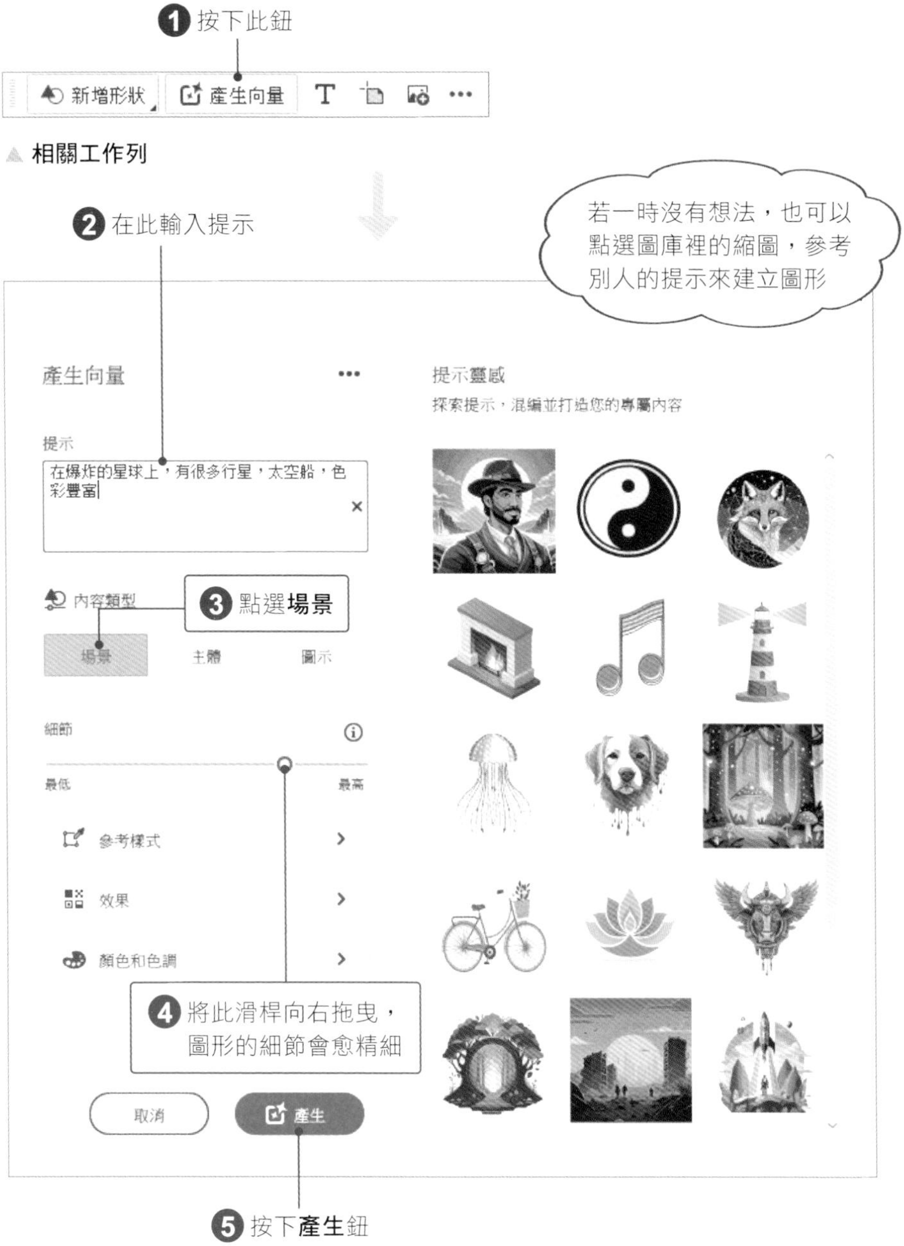

提示 在爆炸的星球上，有很多行星，太空船，色彩豐富

接著會出現如圖的畫面，請點選**使用者原則**了解 Adobe 的規範，再按下**同意**鈕。

Adobe 應用程式中的生成式 AI

您能以生成式 AI 技術，透過新方式建立。部分生成式 AI 服務可協助您將樣式或結構套用至您的提示。若要使用這些服務，您必須有權限使用任何協力廠商影像，且您的參考歷史記錄將會儲存為縮圖。

選取「同意」，即表示您同意我們的 使用者原則。

同意 (A)　取消

❶ 按此處查看**使用者原則**　❷ 按下**同意**鈕

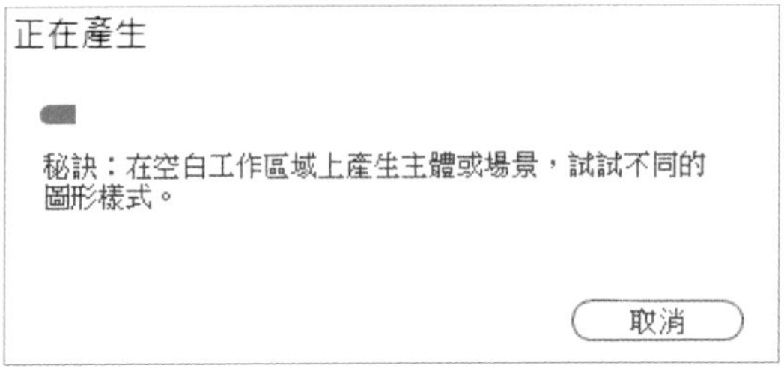

正在產生

秘訣：在空白工作區域上產生主體或場景，試試不同的圖形樣式。

取消

▲ 正在產生圖形，請稍待一會兒

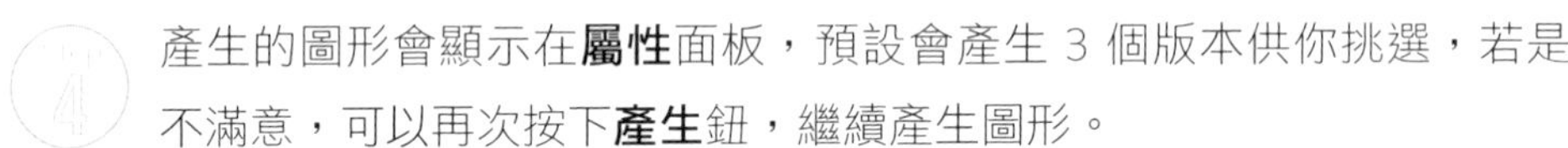

產生的圖形會顯示在**屬性**面板，預設會產生 3 個版本供你挑選，若是不滿意，可以再次按下**產生**鈕，繼續產生圖形。

按下**產生**鈕，可繼續產生更多圖形

此時**圖層**面板中會產生一個**生成式物件**圖層，展開圖層可以看到各個群組裡的圖形

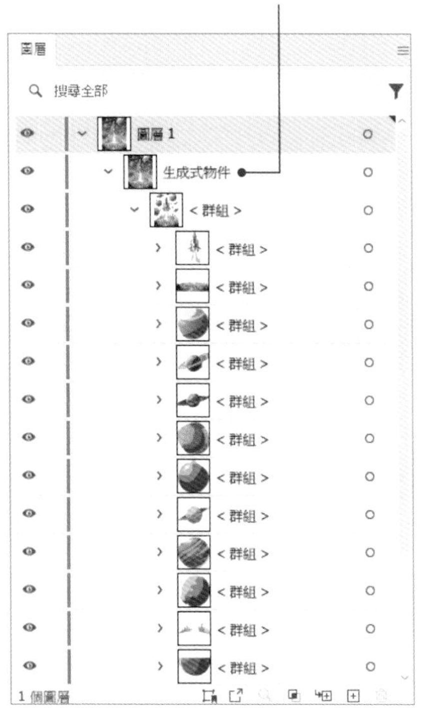

只有在選取圖形時，**屬性**面板才會顯示**變化版本**

▲ 產生 3 個變化版本供你挑選

在空白處按一下，可取消選取圖形，以便看清楚圖形的全貌

5 產生的圖形預設會全部群組在一起，想要縮放圖形大小，請點選**選取**工具，執行『**物件 / 變形 / 縮放**』命令：

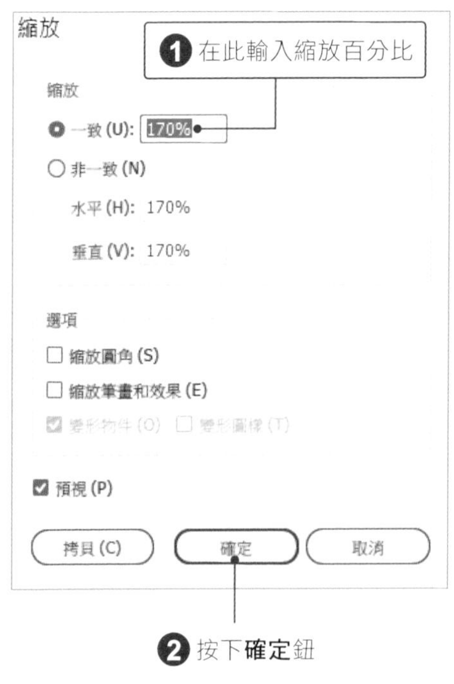

在此讓圖形比工作區域稍微大一點

儲存圖形

若是滿意目前產生的場景，可以執行『**檔案 / 儲存檔案**』命令，將目前生成的圖形儲存到電腦裡。

如果儲存為雲端文件，您就能享有更多功能

	在您的電腦上	Creative Cloud
離線存取	✔	✔
雲端同步至您的所有裝置	✖	✔
自動儲存所有變更	✖	✔
版本記錄	✖	✔
邀請參與編輯	✖	✔

不要再顯示

❶ 按下**儲存在您的電腦** — 儲存在您的電腦 — 儲存至 Creative Cloud

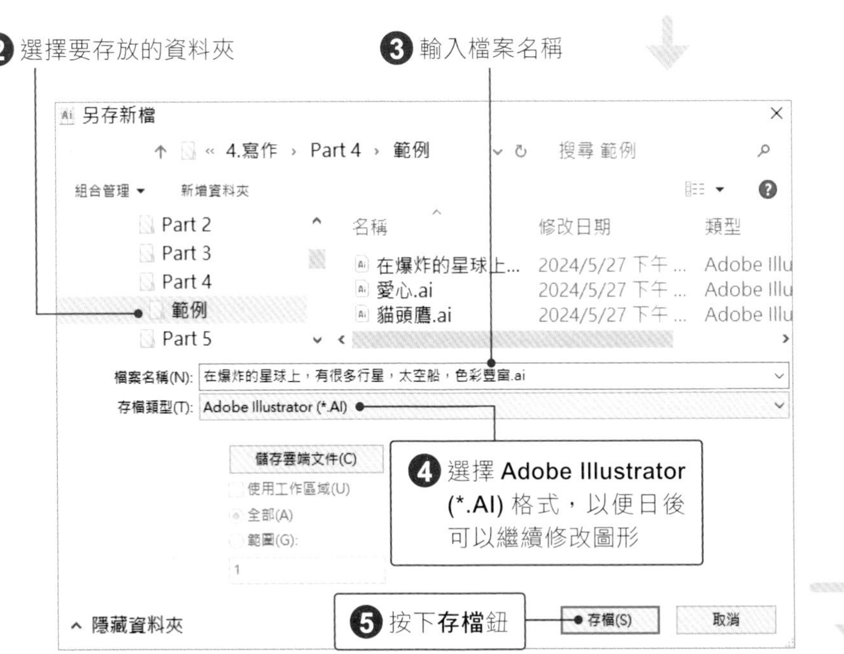

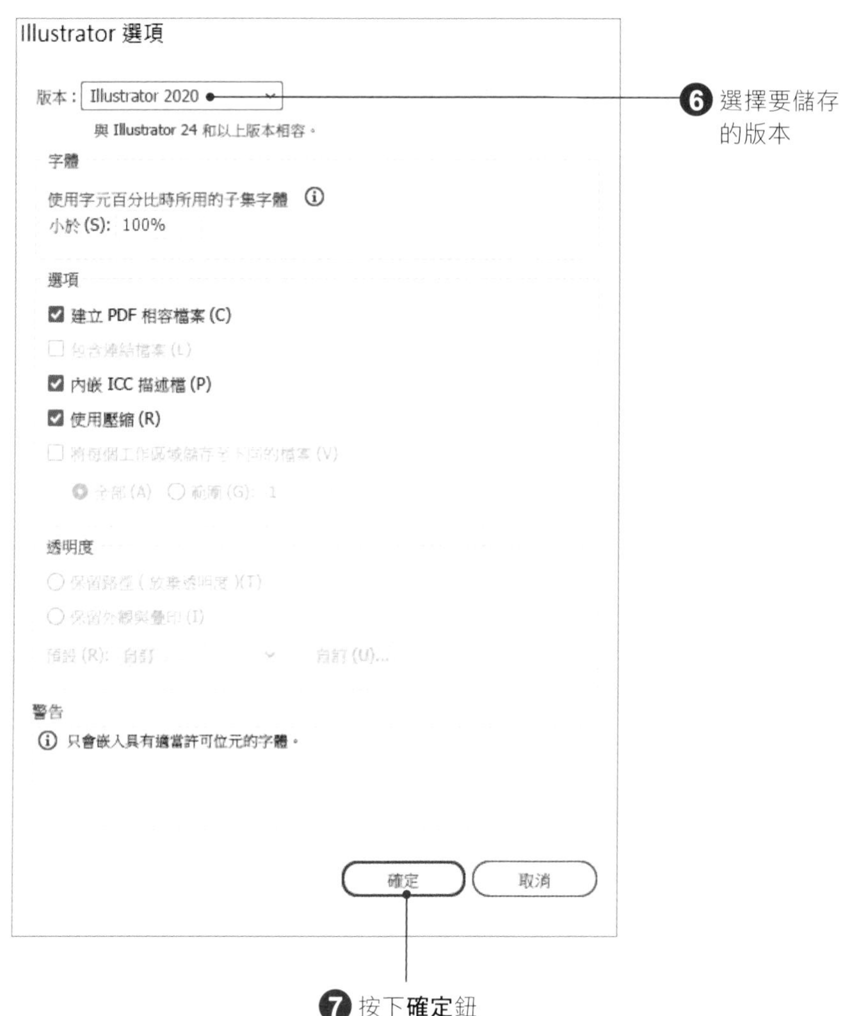

編輯圖形

如果想要修改圖形內容，請在選取圖形後，按下**相關工作列**的**解散群組**鈕（或是執行『**物件 / 解散群組**』命令），再選取要修改或刪除的物件，若是仍然無法選取，可以再次解散群組。

點選圖形後，會發現目前所有物件全部群組在一起

按下**解散群組**鈕

解散群組後，可以單獨選取某個部份

在此想讓畫面清爽一點，要刪除一些殞石及小行星

建立主體

以文字建立向量圖形除了可以在空白文件中新增圖形，也可以在既有的圖形中再增添元素，沿續剛才的範例，我們想在畫面中央新增一個機器人：

在**相關工作列**按下**新增形狀**鈕，選擇**矩形**，並在畫面中圈選出一個範圍，以放置機器人。

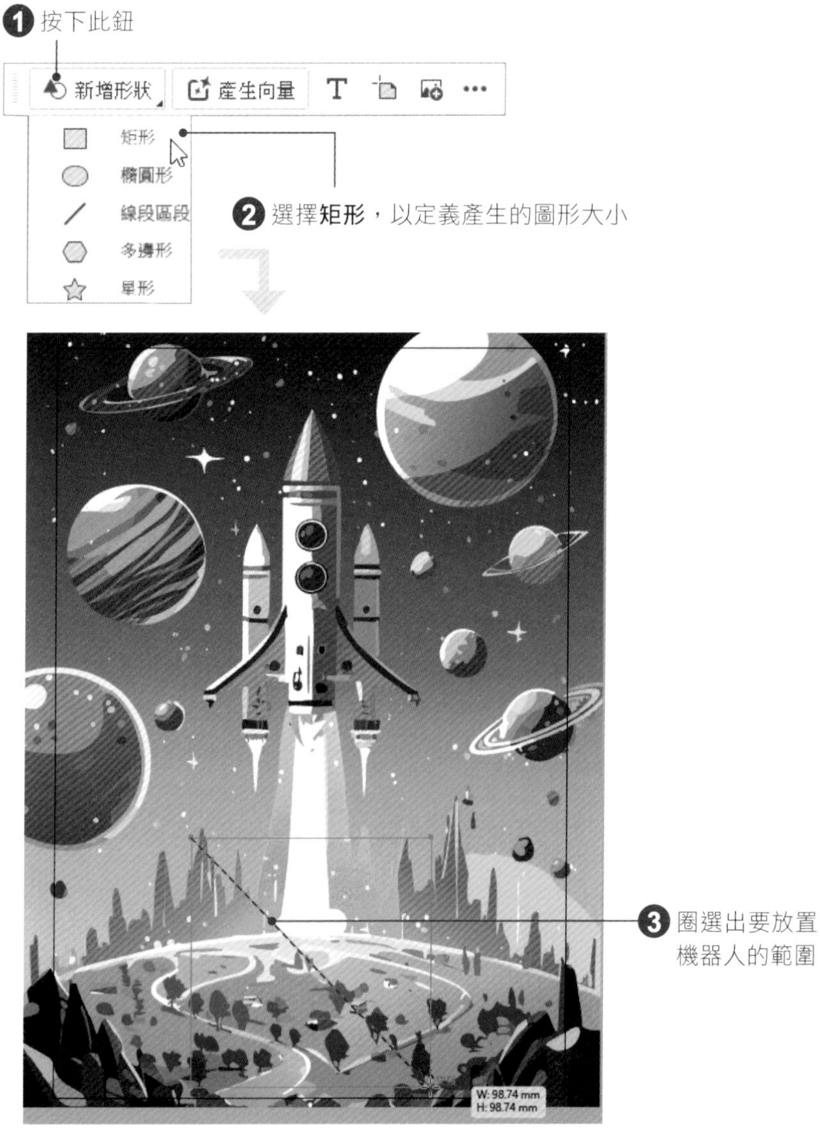

❶ 按下此鈕

新增形狀　產生向量

矩形
橢圓形
線段區段
多邊形
星形

❷ 選擇**矩形**，以定義產生的圖形大小

W: 98.74 mm
H: 98.74 mm

❸ 圈選出要放置機器人的範圍

按下**產生**鈕，輸入提示。

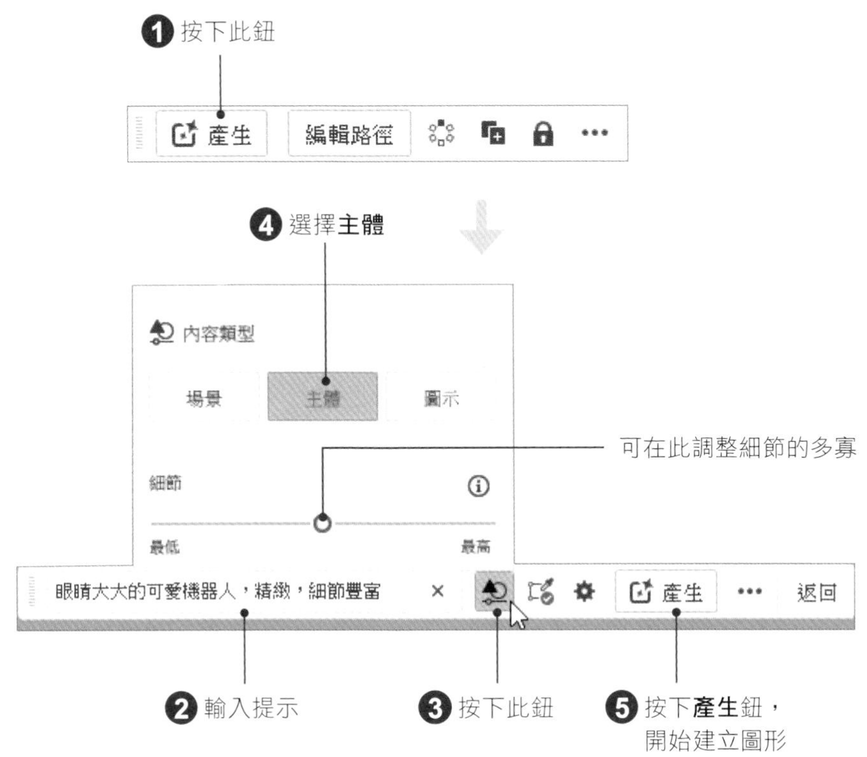

提示 眼睛大大的可愛機器人，精緻，細節豐富

內容類型

在**內容類型**中可以選擇要產生**場景**、**主體**或**圖示**，這三者的差異如下：

- **場景**：產生整個向量的場景
- **主體**：產生不含背景且細節豐富的向量圖形
- **圖示**：產生細節較少且無背景的向量圖形，通常用於製作圖示或標誌

在畫面中間建立了一個機器人，你可以繼續調整機器人大小，或是修改機器人的配色，使畫面不要太複雜。

建立一個機器人

屬性　資料庫

生成式物件

提示

眼睛大大的可愛機器人，精緻，細節豐富

產生

變化版本

按下此鈕，可繼續產生變化版本

複製與鎖定物件

相關工作列上有兩個很實用的按鈕，分別是**複製物件**鈕 與**鎖定物件**鈕 ，當需要複製多個相同物件時，只要在選取狀態按下**複製物件**鈕，就可以快速複製。想要固定物件的位置不被移動，請按下**鎖定物件**鈕。

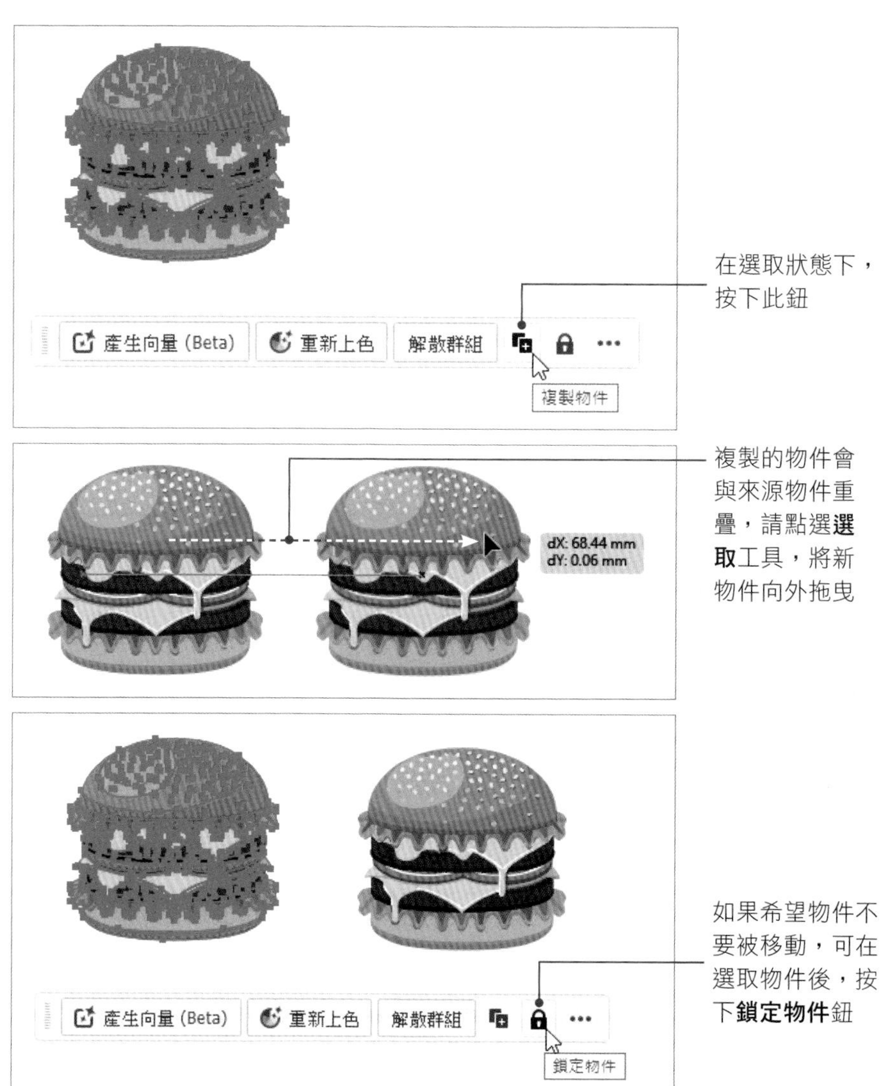

在選取狀態下，按下此鈕

複製的物件會與來源物件重疊，請點選**選取**工具，將新物件向外拖曳

如果希望物件不要被移動，可在選取物件後，按下**鎖定物件**鈕

Unit 03

再次瀏覽圖形的變化版本

以文字建立向量圖形會產生變化版本的圖形讓我們挑選，當你選擇其中一張並進行編輯後，**屬性**面板就不會顯示其他**變化版本**的圖形。若是覺得**變化版本**中有不錯的圖，建議存檔時，選擇 **Adobe Illustrator (*.ai)** 格式，這樣日後還可以開啟面板來查看。

開啟「產生的變化版本」面板

想要再次瀏覽（或使用）曾經產生的圖形，可以執行『**視窗 / 產生的變化版本**』命令，開啟**產生的變化版本**面板，來瀏覽或使用圖形。

▲ 產生過的變化版本都在這裡

拖曳面板的邊界，可放大或縮小縮圖

選用圖形

若是想使用其中的圖形，只要在縮圖上雙按，或是拖曳到工作區域就可以了。

將圖形拖曳到工作區域，即可開始進行編輯

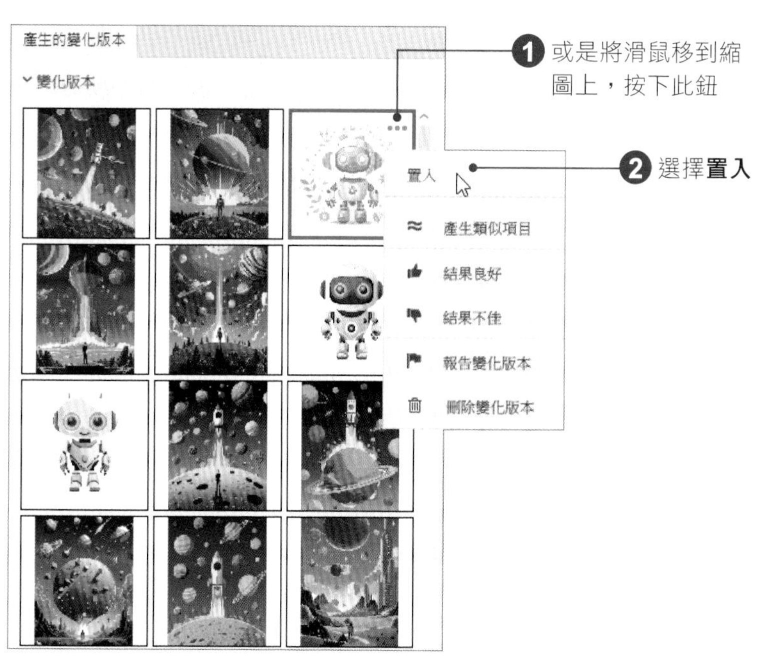

❶ 或是將滑鼠移到縮圖上，按下此鈕

❷ 選擇**置入**

刪除變化版本

保留變化版本可以方便我們再次使用，但這會使得檔案變大許多，你可以刪掉一些不佳的圖形，或是確定不會再用到的圖形。

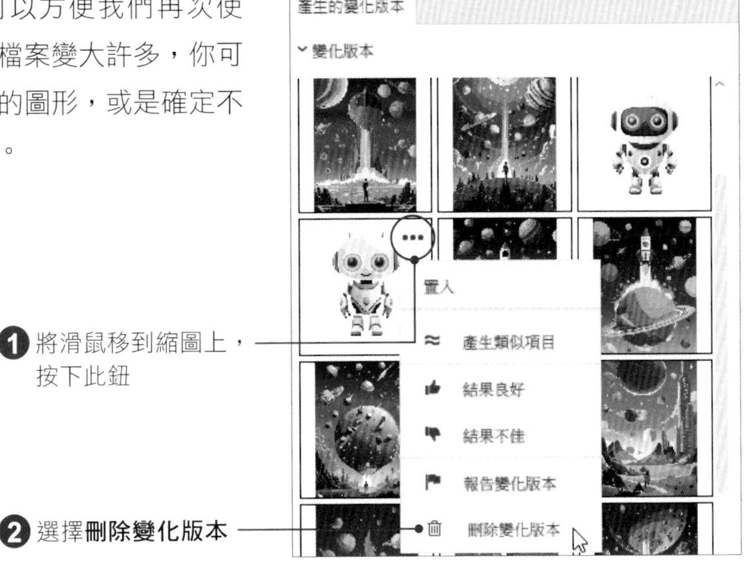

產生類似項目

如果變化版本中有你想要的圖形，但希望能繼續產生類似的圖形供我們挑選，可以如下操作：

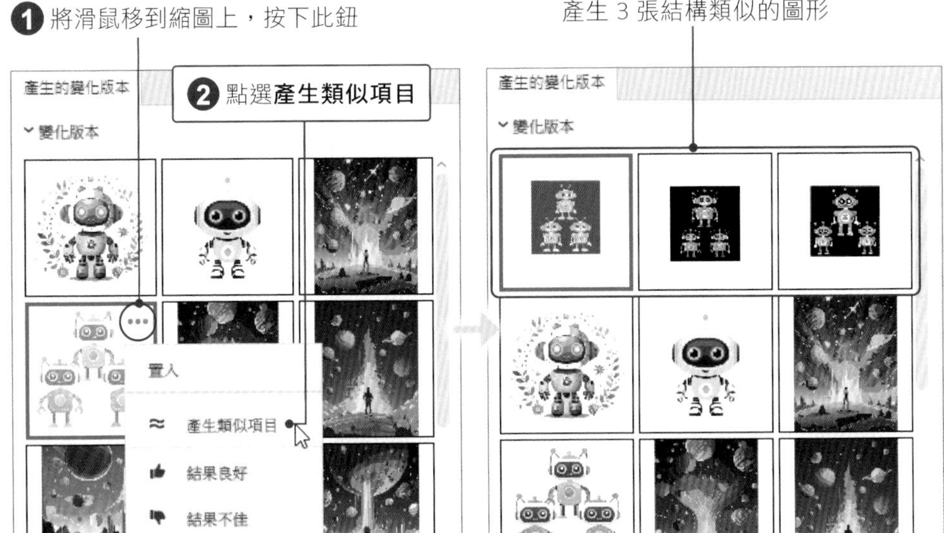

Unit

04 生成式重新上色

以往在 Illustrator 中要修改圖形中的某個顏色時，得先執行『**選取 / 相同 / 填色顏色**』命令，一次將同色的圖形修改成其他顏色。現在有了**生成式重新上色**功能，你可以用最少的時間跟力氣，快速替向量圖稿重新上色。

輸入提示或是套用「範例提示」

想要一次變化出同系列不同色彩的設計，請先選取所有圖形，再執行『**編輯 / 編輯色彩 / 生成式重新上色**』命令，或是按下**相關工作列**的**重新上色**鈕。

生成式重新上色功能，圖稿必須已經事先上色，而且只能為向量圖重新上色。

接著，會開啟如下圖的面板，面板中有**重新上色**及**生成式重新上色**兩個頁次。**重新上色**頁次，是 Illustrator 既有的上色功能，可從**色彩資料庫**中挑選適用的色彩，或是手動轉動色輪微調。**生成式重新上色**頁次，則是可以讓你輸入提示，依提示產生配色，或是從**範例提示**縮圖挑選喜歡的色系，在此我們以**生成式重新上色**為主做介紹。

請切換到此頁次

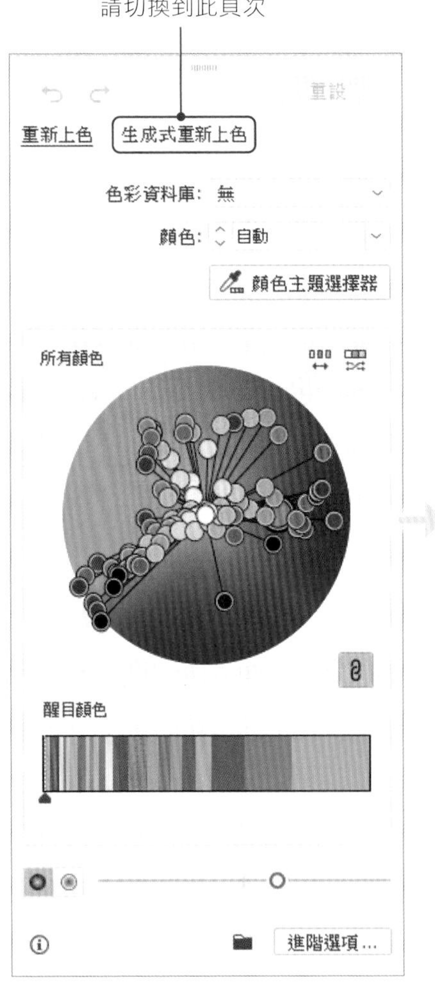

可在此輸入提示產生配色
(例如冬季、秋季、…等)

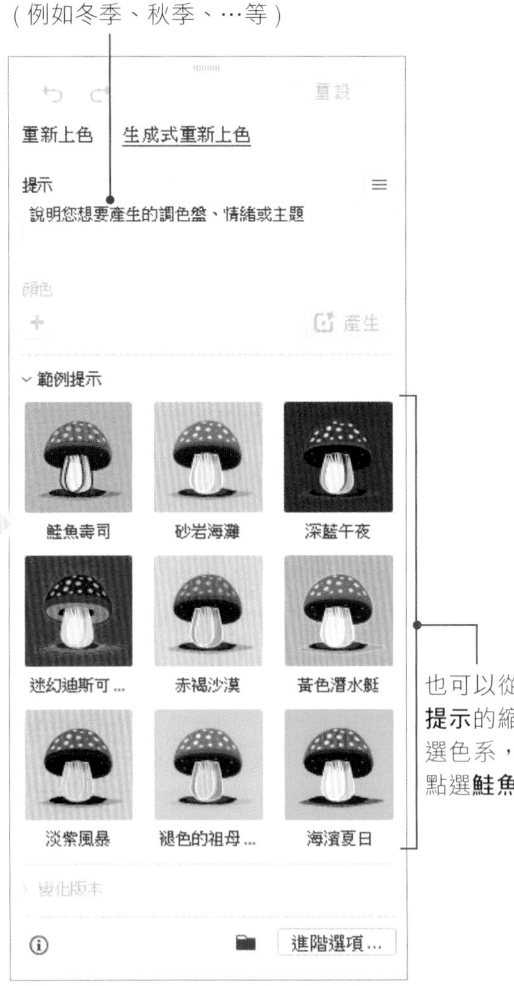

也可以從**範本提示**的縮圖點選色系，例如點選**鮭魚壽司**

若是套用後的效果都不滿意，可按左上角的**還原更改**鈕或右上角的**重設**鈕，重設色彩

▲ 原圖

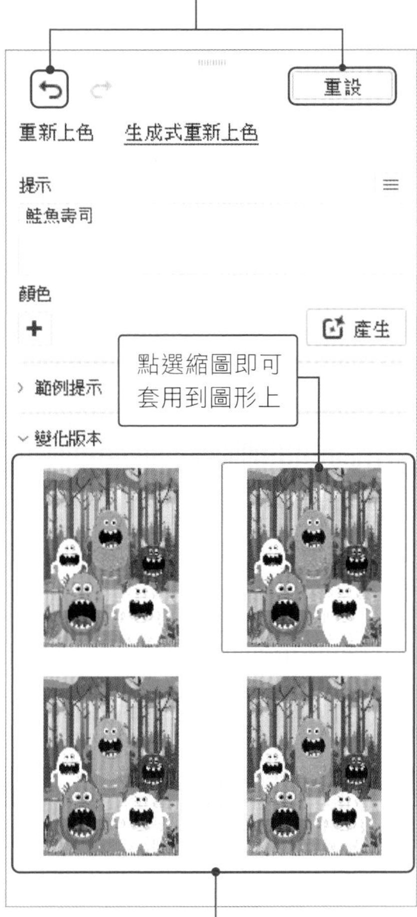

點選縮圖即可套用到圖形上

產生 4 種變化版本

接著，試試自行輸入提示的配色效果，輸入後按下 Enter 鍵或是**產生**鈕。

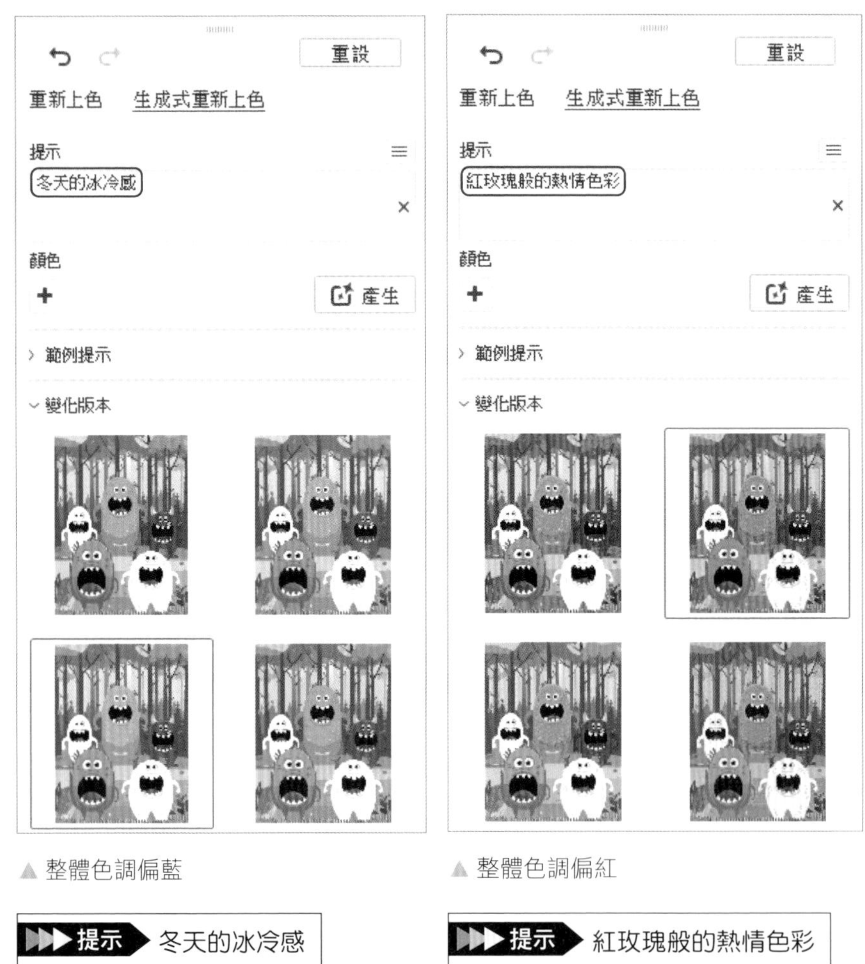

▲ 整體色調偏藍

▲ 整體色調偏紅

提示 冬天的冰冷感

提示 紅玫瑰般的熱情色彩

新增顏色以導引提示

此外，也可以自行新增指定的顏色，以調整提示文字輸入，最多可以自訂 5 種顏色。

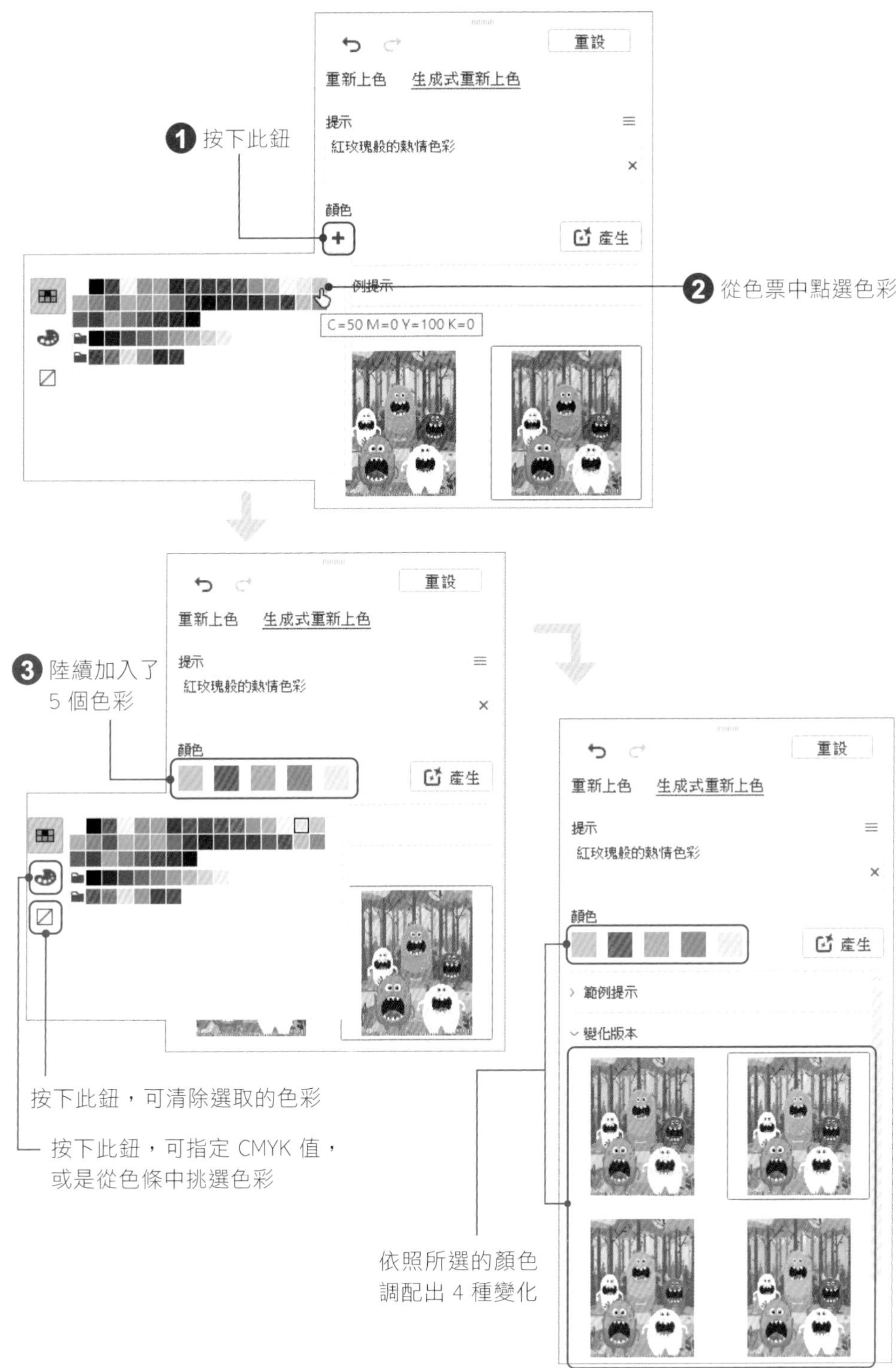
重設
重新上色
生成式重新上色
提示
紅玫瑰般的熱情色彩
顏色
產生
❶ 按下此鈕
❷ 從色票中點選色彩
C=50 M=0 Y=100 K=0
❸ 陸續加入了 5 個色彩
範例提示
變化版本
按下此鈕，可清除選取的色彩
按下此鈕，可指定 CMYK 值，或是從色條中挑選色彩
依照所選的顏色調配出 4 種變化

Unit

05 輕鬆建立無縫拼接背景

不論是網頁設計或平面設計，都有機會製作無縫拼接的背景，以往製作時得小心且精準地對齊組成的物件，現在不需要這麼麻煩了，只要一個動作就能立即完成。

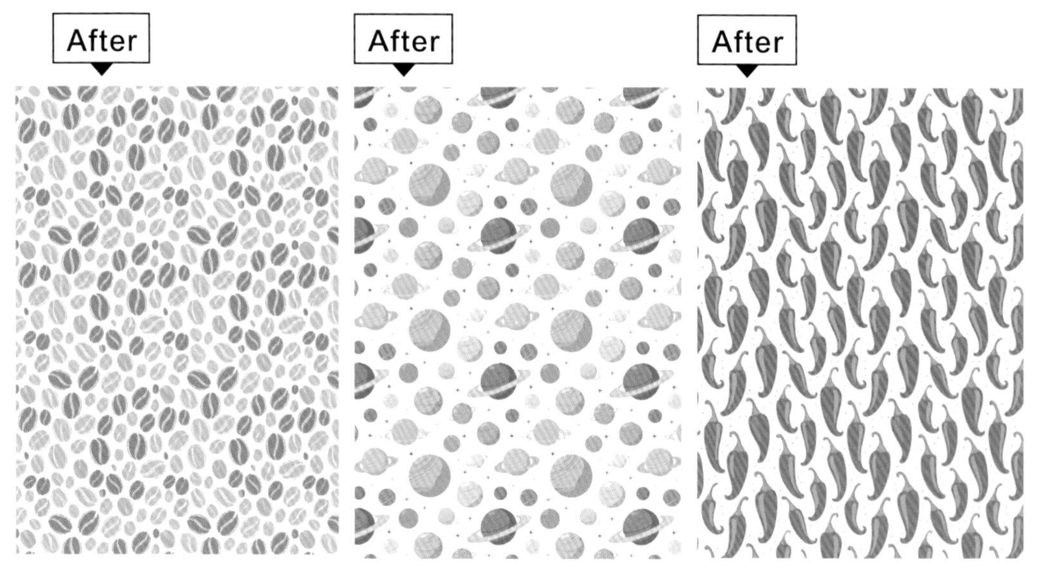

建立圖樣

請執行『**視窗 / 產生圖樣**』命令，輸入想要產生的圖樣後，按下**產生**鈕，再用**矩形**工具拖曳出範圍，圖樣就會佈滿選取的範圍。

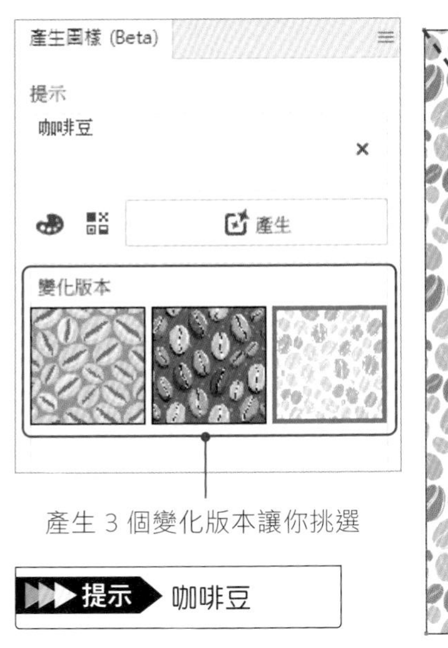

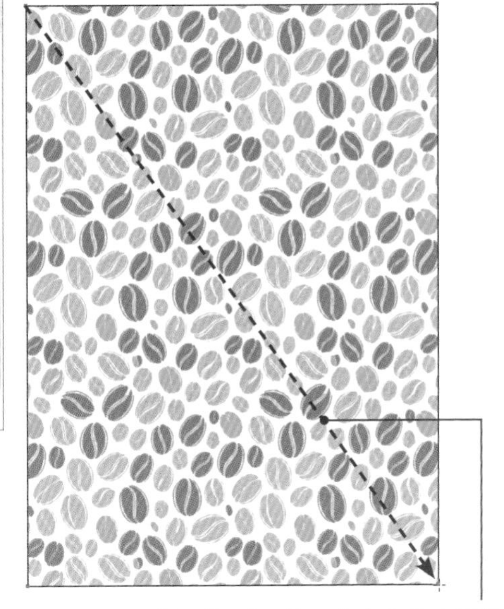

選取**矩形**工具，由左上往右下拖曳出範圍，圖案就會自動填入了

將圖樣新增至色票

產生的圖樣如果會再度使用，可將圖樣新增至色票。方法很簡單，只要按下縮圖右上角的按鈕，執行**新增至色票**命令：

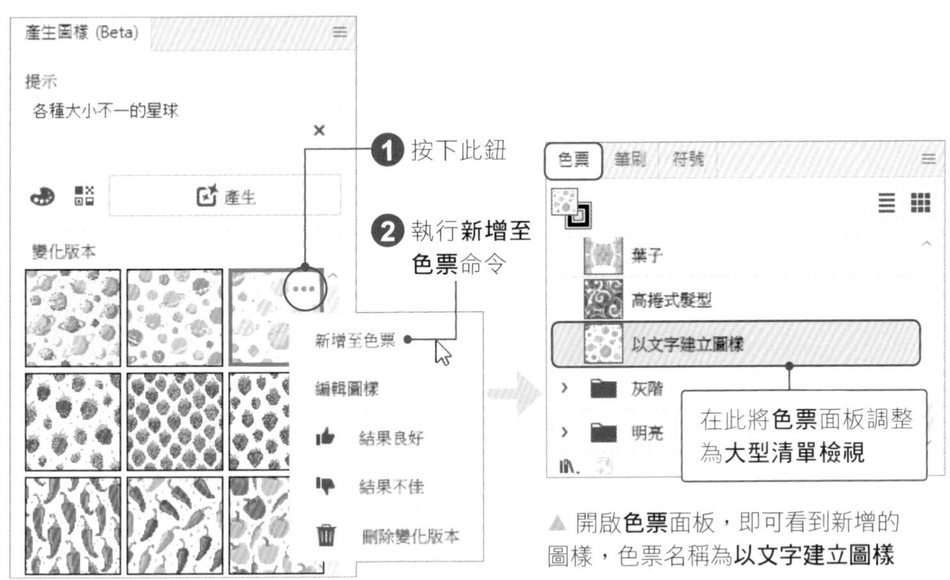

▲ 開啟**色票**面板，即可看到新增的圖樣，色票名稱為**以文字建立圖樣**

編輯圖樣

要編輯圖樣，只要在**色票**面板中的色票雙按，即可進入編輯模式，此時也會開啟**圖樣選項**面板，讓你進行細部調整。

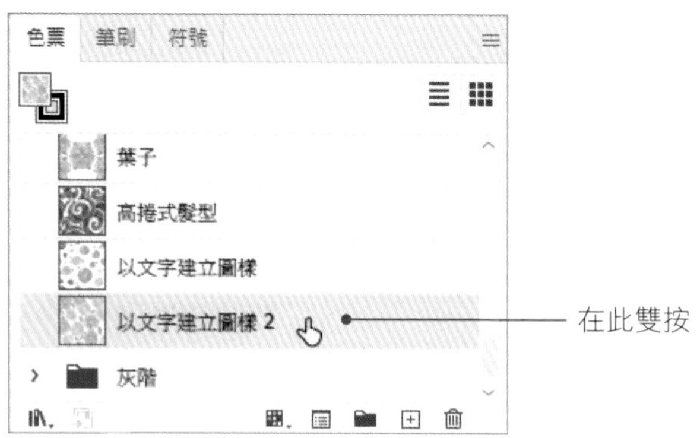

你可以使用各項編輯工具來調整圖樣，
修改完畢按下**完成**鈕，或是**儲存副本**

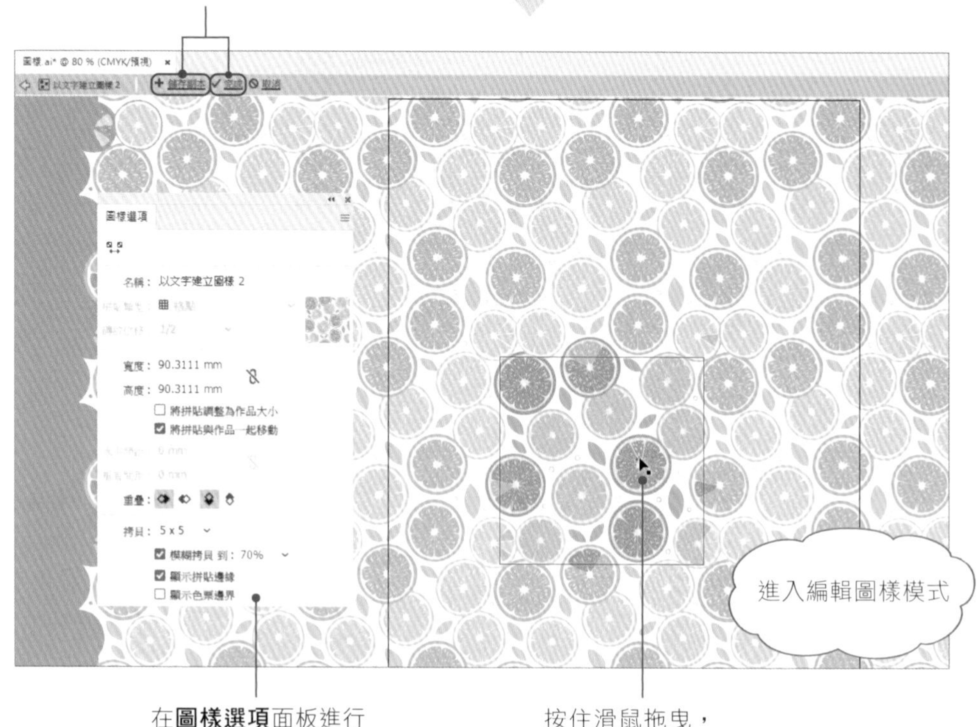

Unit

06 將圖稿與真實物品結合並製作成模型

Before

想要將設計好的圖稿放在真實物品上，看看貼合後的效果如何，以往可能需要使用 3D 軟體，或是使用 Photoshop 逐步調整，現在不用這麼費工了。Illustrator Beta 版中，有個**模型** (mockup) 功能，可以幫助我們快速將設計稿與實體物品結合在一起。

Before

建立模型

請開啟設計好的圖稿（必須為向量格式，並且全部群組在一起）及要合成的實物影像，並將兩者放在同一個文件中。

Step 2 使用**選取**工具，同時選取圖稿及實物影像，執行『**物件 / 模型 (Beta) / 建立模型**』命令：

▲ 選取圖稿及實物影像

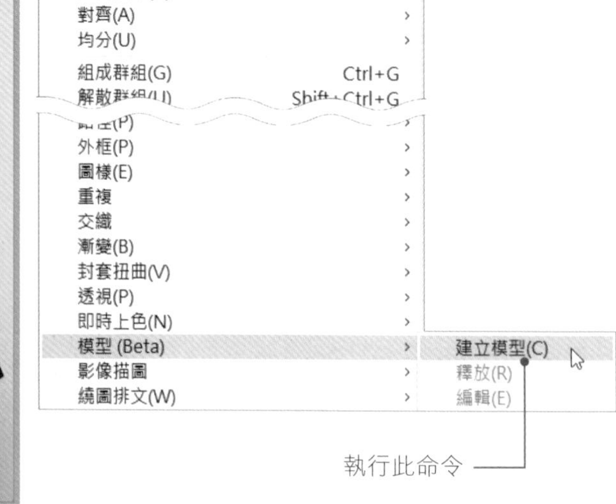

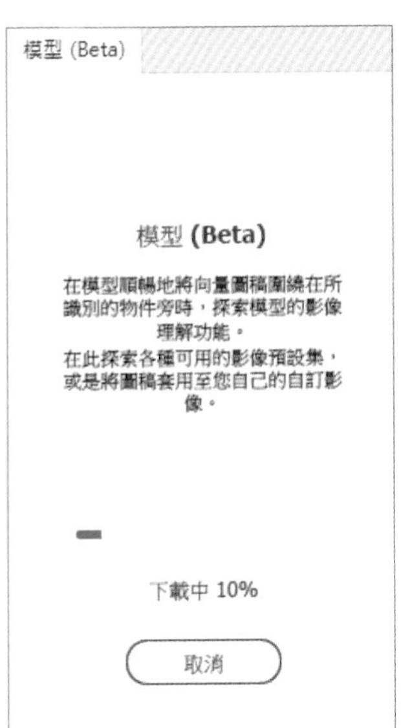

◀ 此時會開啟**模型 (Beta)** 面板，第一次執行要先下載預設集

▼ 開始進行運算，請耐心等侯

Step 3 接著**模型 (Beta)** 面板會載入一些樣板模型，設計的圖稿會自動與樣板模型結合在一起。

Step 4 此時圖稿會以藍色的圓形框起來，將指標移到控點上，可縮放圖稿的尺寸；將指標移到控點外側，可旋轉角度；在圖稿中間拖曳可調整位置，調整時圖稿會根據衣服的外觀與皺摺自動扭曲與變形來貼合。

縮放圖稿

旋轉圖稿

▲ 按住 Shift 鍵，再拖曳控點，可等比例縮放

調整圖稿位置

若沒有出現藍色的圓形框線，請執行『**物件 / 模型 (Beta) / 編輯**』命令。

Step 5 調整到自己喜歡的角度、大小，將指標在藍色圓形框線外按一下，就完成圖稿與模型的結合了。

產品設計對於光線的融合以及材質感的要求是很嚴謹的，目前**模型**功能還沒有辦法做到非常完美，但如果只是要初步 Demo，可說是非常方便的工具！

取消與模型的連結

如果想取消與模型的連結，請點選模型（確認圖稿與實體物件圖都已選取），再執行『**物件 / 模型 (Beta) / 釋放**』命令。

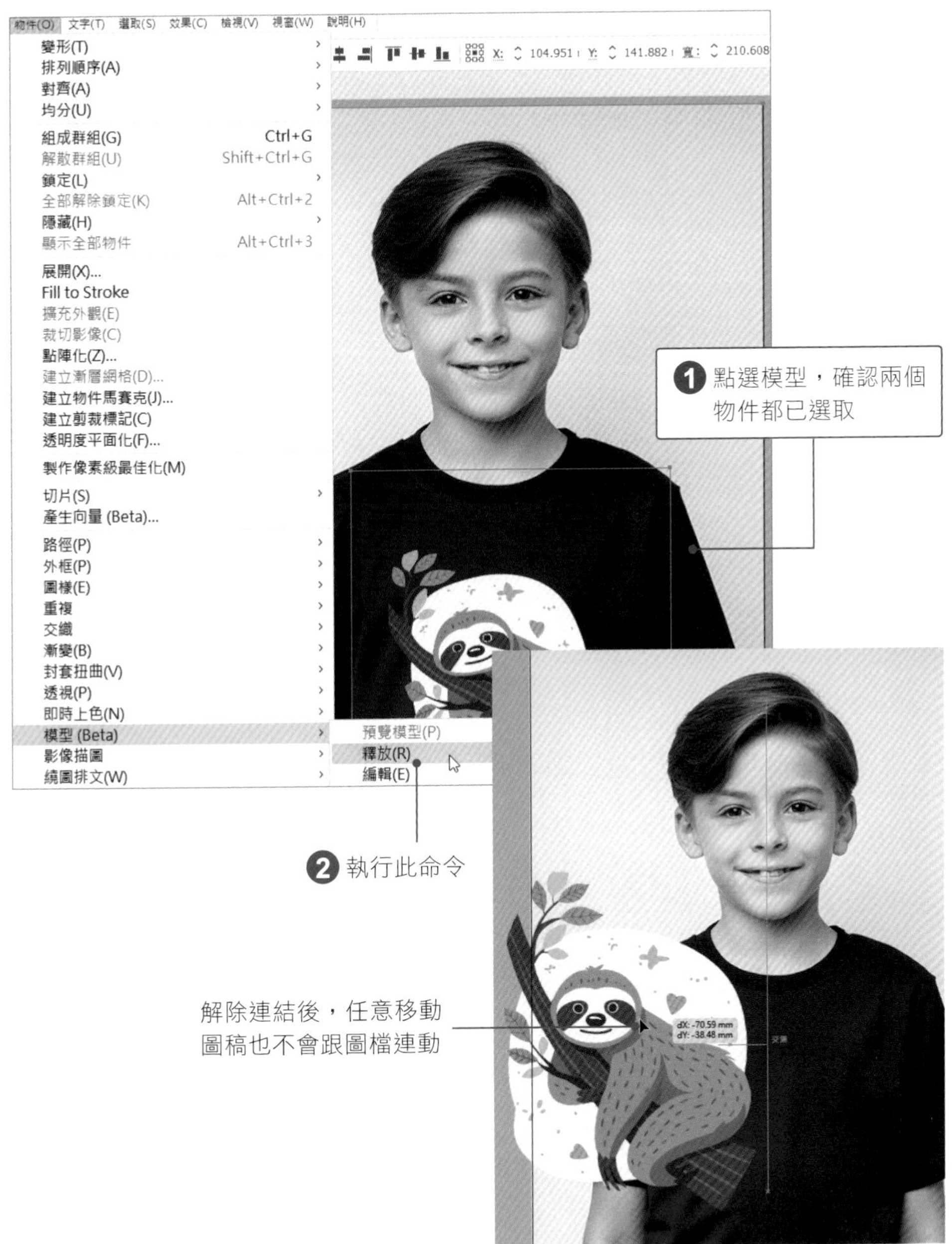

Unit

07 點陣圖也能製作模型

使用**模型**功能，可以快速讓設計的圖稿輕鬆呈現在產品上，但如果圖稿是點陣圖而非向量圖該怎麼辦呢？別擔心，點陣圖只要經過**影像描圖**後，也能使用**模型**功能。

Before

▲ 點陣圖

After

執行「影像描圖」功能

開啟並選取點陣影像，接著按下**控制**面板的**影像描圖**鈕。

▲ 影像預設會變成黑白兩色

在**控制**面板中按下**預設集**的**高保真度相片**，可讓影像保留高細節、高彩度的影像。

▲ 高保真度相片

▲ 低保真度相片

▲ 16 色

在選取圖形的狀態下，執行『**物件 / 模型 (Beta) / 預覽模型**』命令，開啟**模型 (Beta)** 面板。

自動與**模型 (Beta)** 面板的模型融合

若是沒有自動融合，請按下**預覽模型**鈕

若是有適合的模型，可以在縮圖上按下**放置於畫布**鈕

◀ 利用控點來調整影像的大小及位置

Adobe Firefly 與 Express 整合應用

5

Unit 01

用 Adobe Express 快速建立作品

Adobe Express 是 Adobe 公司開發的線上設計工具，提供各種圖形設計及多媒體內容，從初學者到有經驗的設計師都能快速上手。只要套用範本，就可以快速製作出社群媒體圖片 / 影片、傳單、海報、…等，而且跨平台、跨裝置都能使用，不論是在桌機的瀏覽器、手機、平板都能隨時隨地進行設計工作。

Adobe Express 的操作環境

在 PC 或 Mac 上要使用 Adobe Express，請使用網頁瀏覽器，如 Google Chrome、Safari、Microsoft Edge 來存取，開啟瀏覽器後，請在網址列輸入 https://www.adobe.com/tw/express，進入操作環境。

▲ 進入 Adobe Express 網頁

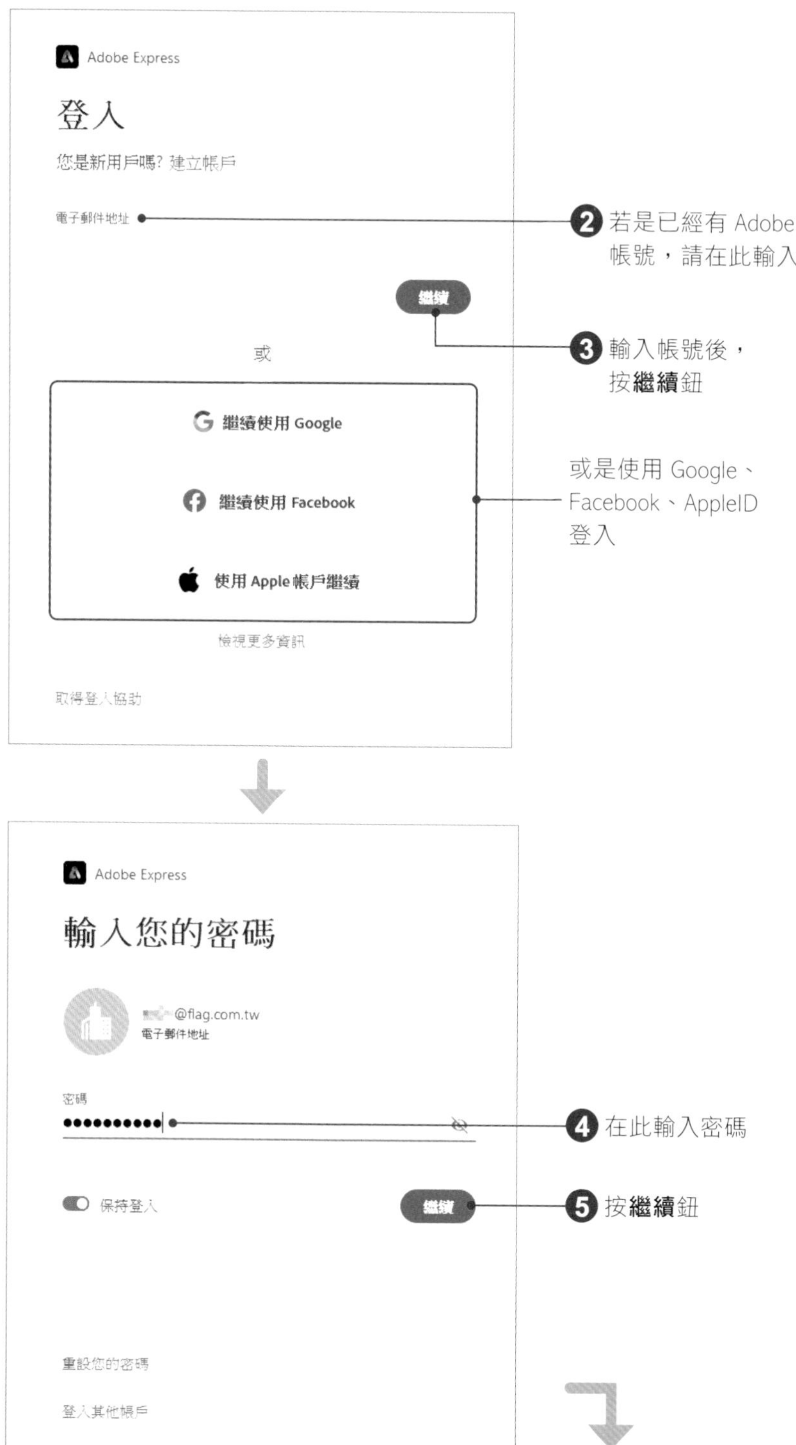

❷ 若是已經有 Adobe 帳號，請在此輸入

❸ 輸入帳號後，按**繼續**鈕

或是使用 Google、Facebook、AppleID 登入

❹ 在此輸入密碼

❺ 按**繼續**鈕

捲動網頁捲軸，可瀏覽社群媒體、簡報等各種範本，點選範本就可以開始製作想要的圖片或影音作品

生成式 AI 提供「以文字建立影像」、「生成式填滿」、「以文字建立範本」、「文字效果」等功能

在此選擇要製作「社群媒體」圖片、影片或是行銷方面的海報、傳單、邀請卡

在此我們簡單示範製作 Facebook 貼文、Instagram 限動、下個單元開始則將重點放在**生成式 AI** 的製作。

製作 Facebook 貼文

經營 Facebook 的小編，最傷腦筋的大概就是沒素材、沒資源、沒想法，一天還得貼好幾篇貼文。大公司可能還有專業的美編設計圖片，但小公司一切得靠自己想辦法生圖，幸好現在可以用 Adobe Express 套套範本，改改文字就完成貼文素材了！

選擇要創作的類型。請點選首頁的**社群媒體**，再點選 **Facebook 貼文**。

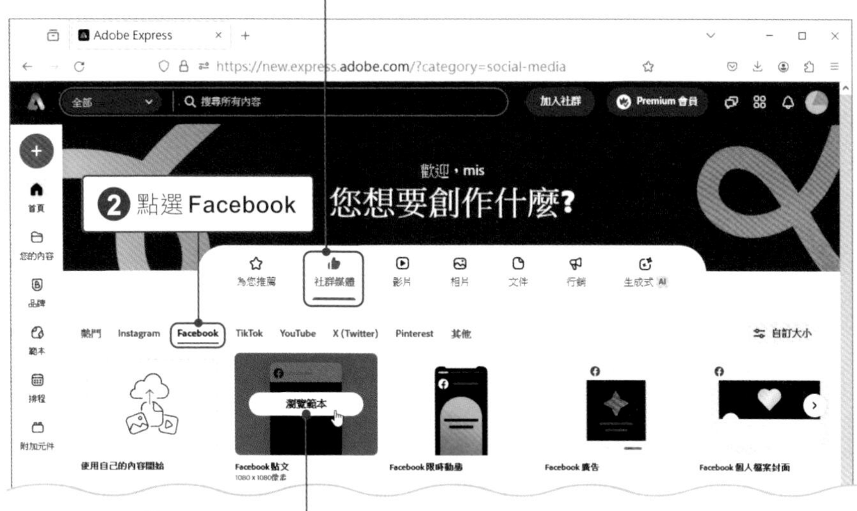

Step 2 挑選範本。進入編輯頁面後，請在左邊的窗格拖曳捲軸，挑選適合的範本。

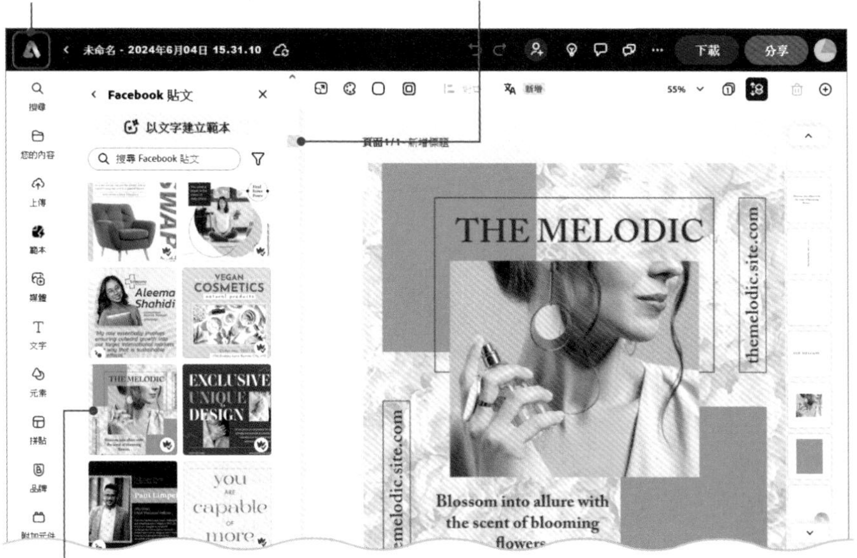

更換照片。點選範本中的照片，更換成自己的照片。

❷ 按下此鈕

❸ 點選**上傳以取代**

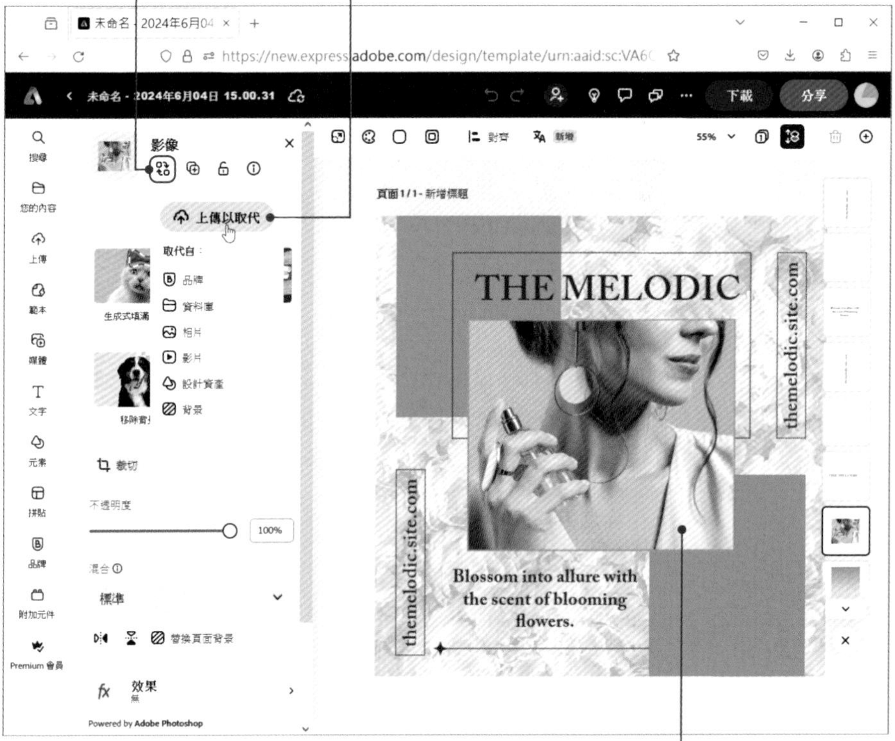

❶ 點選照片

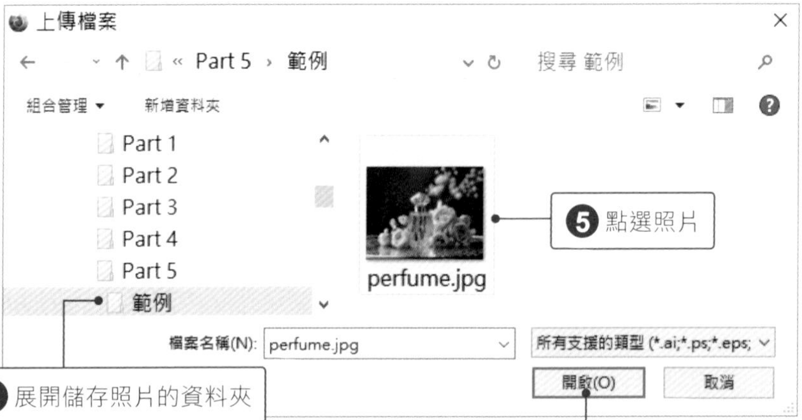

❹ 展開儲存照片的資料夾

❺ 點選照片

❻ 按下**開啟**鈕

頁面 1/1 - 新增標題
THE MELODIC
themelodic.site.com
Blossom into allure with the scent of blooming flowers.
更換成自己的照片

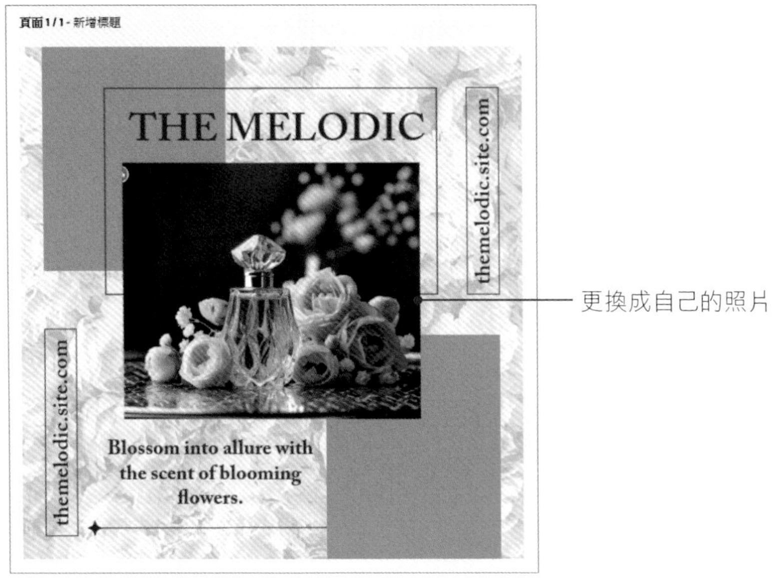

Step 4 變更文字。選取範本標題「THE MELODIC」改成「New arrival」，以及變更副標題及內文。

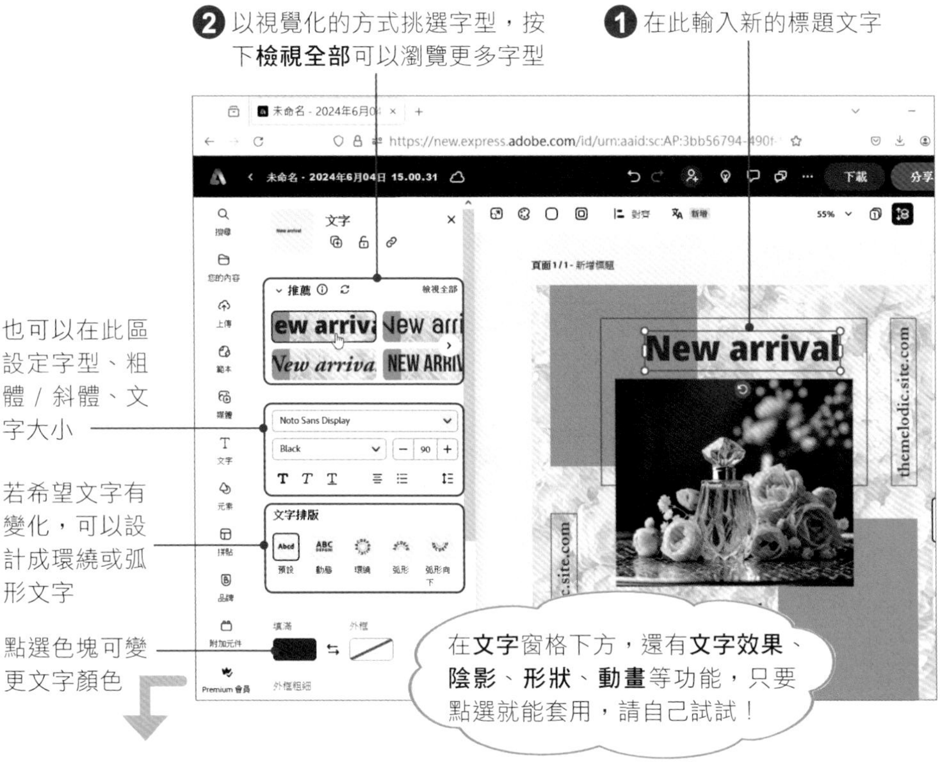

❷ 以視覺化的方式挑選字型，按下**檢視全部**可以瀏覽更多字型
❶ 在此輸入新的標題文字
也可以在此區設定字型、粗體 / 斜體、文字大小
若希望文字有變化，可以設計成環繞或弧形文字
點選色塊可變更文字顏色
在**文字**窗格下方，還有**文字效果**、**陰影**、**形狀**、**動畫**等功能，只要點選就能套用，請自己試試！
New arrival
Noto Sans Display
Black
文字排版
推薦
檢視全部

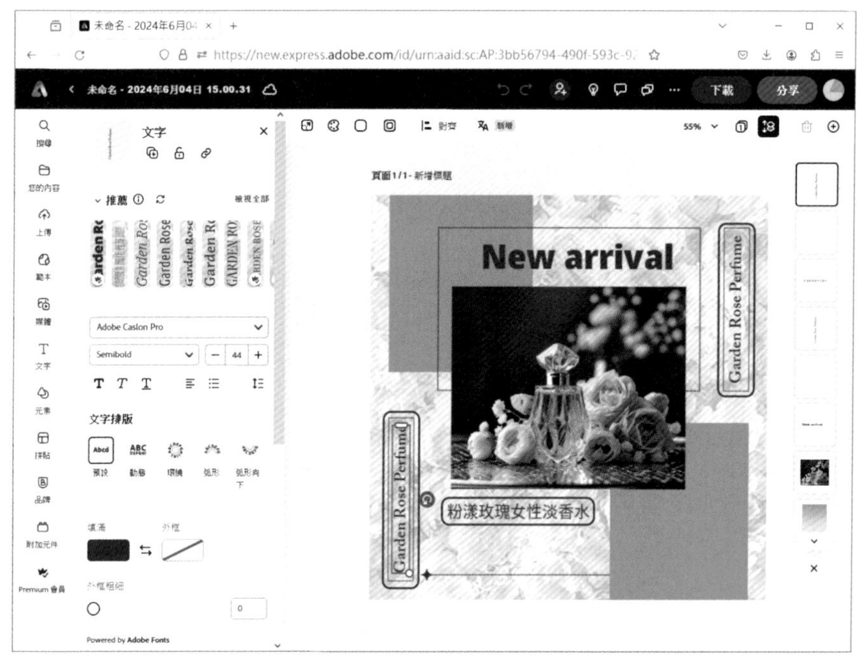

▲ 變更其他文字內容

Step 5 下載檔案。完成圖文編輯後，請按下右上角的**下載**鈕，將檔案儲存到電腦中。

最佳化...

完成度 68%

在此同時，開始新檔案。
這不會中斷您的下載。

▲ 開始處理圖片，完成度到 100% 就儲存完成

儲存後的圖片會自動放在 **Downloads**(下載)資料夾中，你可以在此資料夾中找到

製作 IG 限動

近年來短影音當道，許多社群平台也紛紛加入「限時動態」功能，不論是想製作靜態或動態的限時動態，Adobe Express 都有範本可供使用。

請點選首頁的**社群媒體**，再按下 **Instagram 限時動態**的**瀏覽範本**鈕。

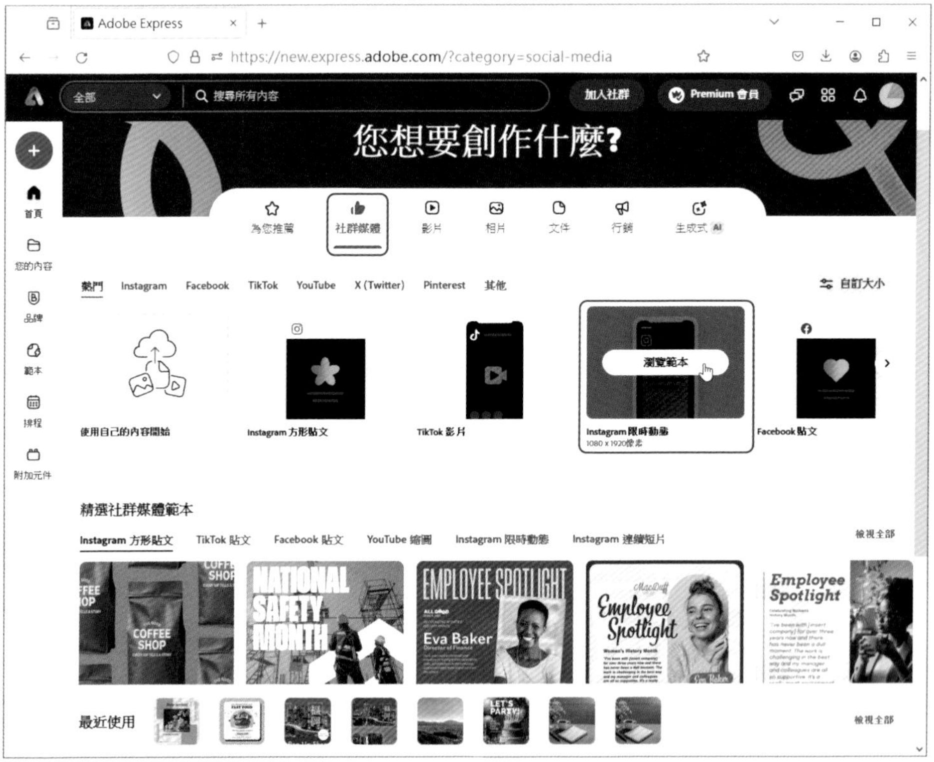

在左側窗格中瀏覽範本，如果是動態範本，將滑鼠移到縮圖上就會立即播放。

這裡會顯示播放的秒數
將滑鼠移到縮圖上，動態範本就會自動播放

在此窗格瀏覽 IG 限時動態範本（有靜態圖片及動態影像）

點選動態範本後，會顯示時間軸，按下此鈕可播放內容

動態範本的修改方法和靜態範本大同小異，你可以自行試試。

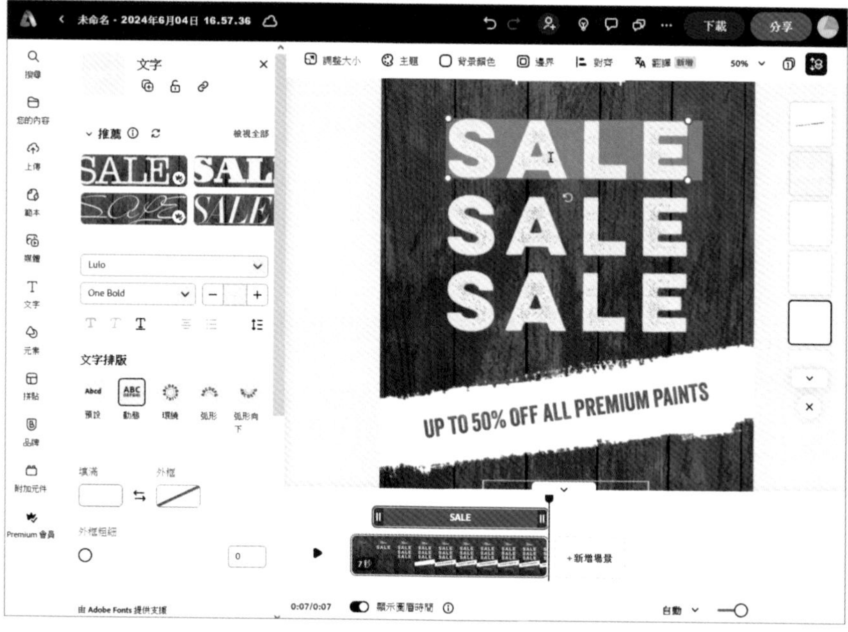

完成動態範本的編輯後，按下**下載**鈕，可選擇要儲存成影片檔 (MP4) 或是其他靜態的圖片格式，也可以設定影片的解析度。

❶ 在此選擇檔案格式

❷ 在此選擇影片的解析度

❸ 按下**下載**鈕，檔案會儲存在電腦中的 Downloads 資料夾

Unit

02 以文字建立影像

Adobe Express 加入了 Firefly 模型，同樣可以使用**以文字建立影像**功能，從無到有建立想要的影像。當一時找不到適當的素材，就可以用此功能來產生背景、主體、場景、…等需要的影像，再與其他範本搭配，就可以製作出社群用的圖片、海報、簡報、傳單等等。

建立影像

此範例想製作一張音樂會的傳單，雖然 Adobe Express 有很多傳單範本，但都沒有符合我們想要的影像，接著就先用**以文字建立影像**產生一張影像，再與傳單範本結合。

請在 Adobe Express 的首頁按下**生成式 AI**。

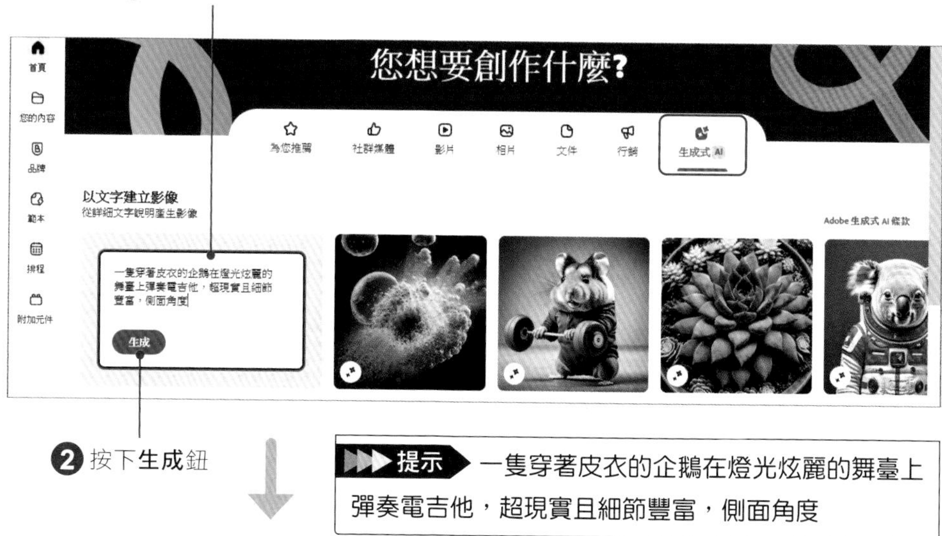

提示 一隻穿著皮衣的企鵝在燈光炫麗的舞臺上彈奏電吉他，超現實且細節豐富，側面角度

生成了 4 張影像，點選影像會在右側窗格顯示

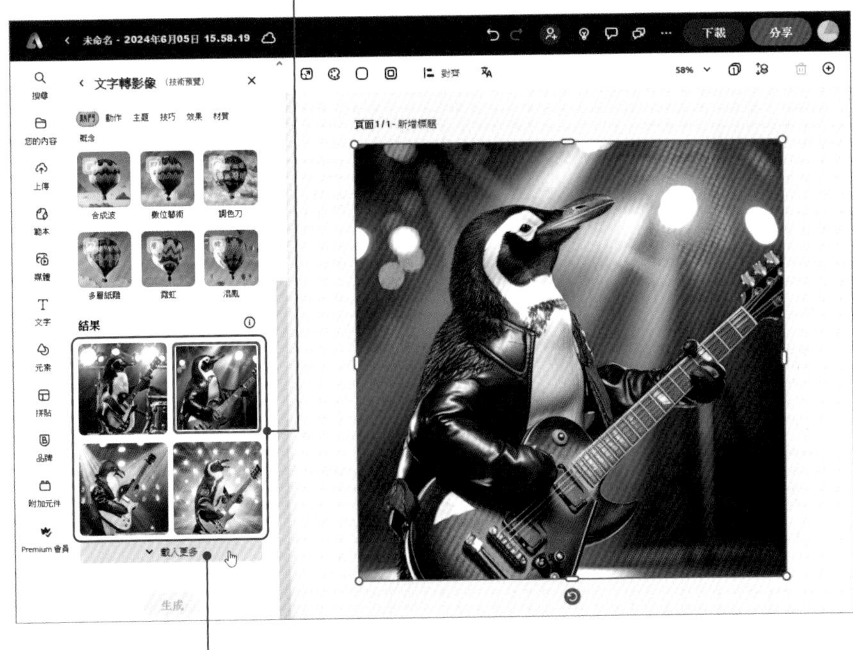

❸ 不滿意生成的結果，可以按下**載入更多**，繼續生成影像

新產生的 4 張影像

目前還是這張影像比較符合我們的需求

建立好想要的影像後，先將影像儲存起來，請按下右上角的**下載**鈕，並選擇檔案格式。

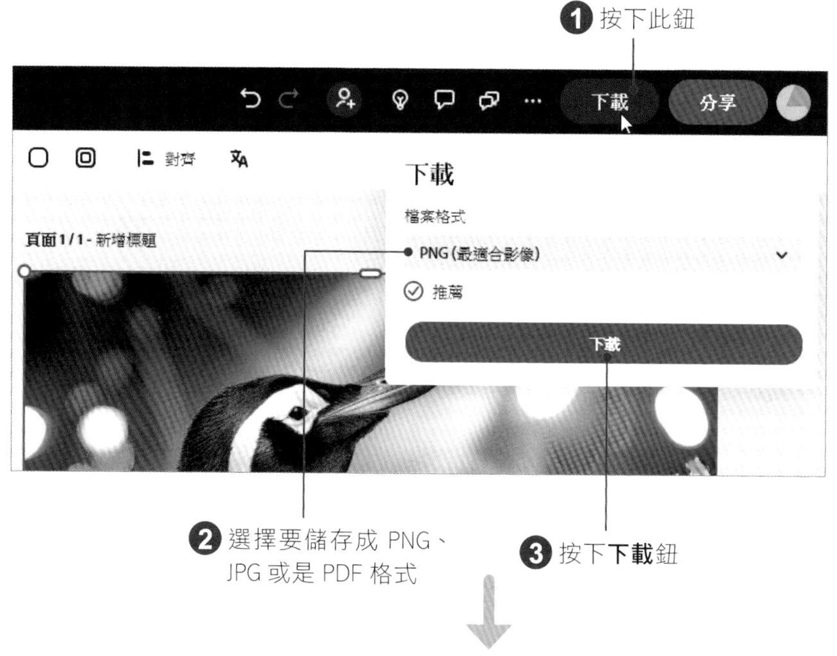

❶ 按下此鈕

❷ 選擇要儲存成 PNG、JPG 或是 PDF 格式

❸ 按下**下載**鈕

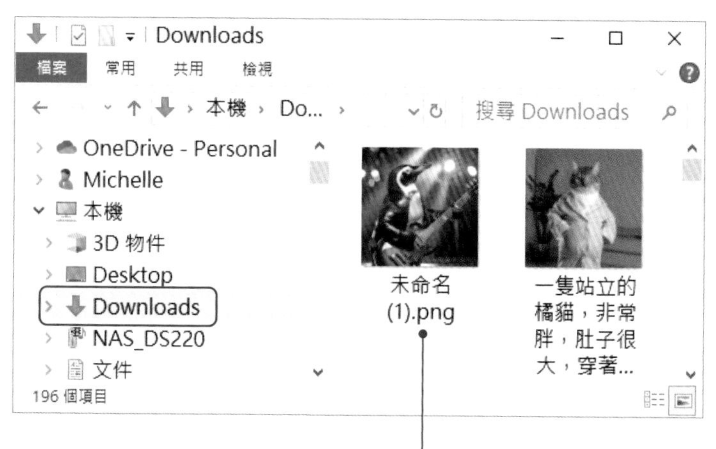

下載後的影像會放在 **Downloads**(下載) 資料夾，你可以在此資料夾中找到

與範本結合

接著要製作一張傳單，並將剛才產生的影像當作主視覺，請在 Adobe Express 的首頁點選**傳單**中的**瀏覽範本**。

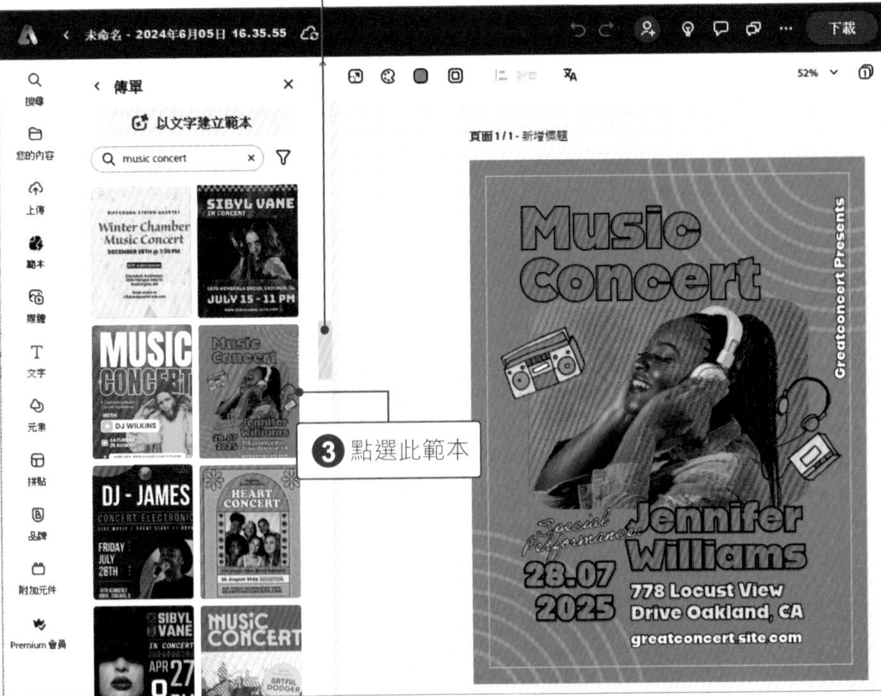

在此想以剛才產生的企鵝影像當作主視覺，請點選範本中的照片來做更換。

❷ 按下此鈕

❶ 點選照片

❸ 點選**上傳以取代**

更換成剛才產生的企鵝影像了

在影像上雙按，會進入編輯模式，此時在影像中移動可以調整位置；拖曳角落的控點，可以縮放影像

調整好影像後，可以再修改範本中的文字、圖形大小或位置。

我們將此圖示縮小並稍微往外移

更改了歌手名稱

最後按下**下載**鈕，將編輯完成的傳單儲存到電腦中。

Unit

03 用「生成式填滿」新增景物

生成式填滿功能，可以在幾秒鐘內輕鬆移除影像中的物件，或是在影像中添加物件，只要用滑鼠塗塗抹抹就能立即完成。

Before

▲ 在影像中添加景物

在拍攝風景的當下，如果天空萬里無雲，或是壯闊的景色卻少了景物做點綴，總免不了有些單調，現在透過生成式 AI 的輔助，想增添任何景物都沒問題！

在 Adobe Express 首頁中按下**生成式 AI**，接著在**生成式填滿**區，按下**上傳影像以開始**：

搜尋所有內容
加入社群
Premium 會員
為您推薦
社群媒體
影片
相片
文件
行銷
生成式 AI
首頁
您的內容
品牌
範本
排程
附加元件
以文字建立影像
從詳細文字說明產生影像
Adobe 生成式 AI 條款
請試著描述人物、地點和心情
生成
生成式填滿
描述您想新增或刪除的內容
上傳影像以開始
1 按下此鈕
這裡有新增及移除景物的範例可參考
2 從電腦中選取要添加景物的影像
上傳檔案
Part 5 › 範例
搜尋 範例
組合管理
新增資料夾
快速存取
桌面
Creative Cloud Files
OneDrive
OneDrive - Personal
Michelle
未命名.jpeg
紅色的敞篷跑車在廣闊的草原裡
檔案名稱(N):
紅色的敞篷跑車在廣闊的草原裡
所有支援的類型 (*.png;*.jpg;*.j
開啟(O)
取消
3 按下開啟鈕

進入**生成式填滿**的編輯畫面後，只要用筆刷在想添加景物的區域塗抹即可。

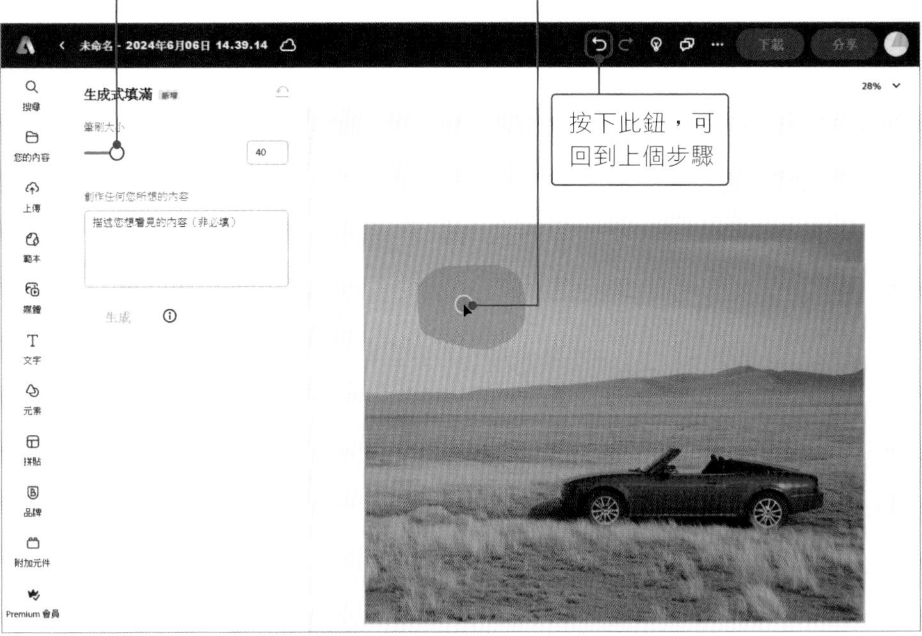

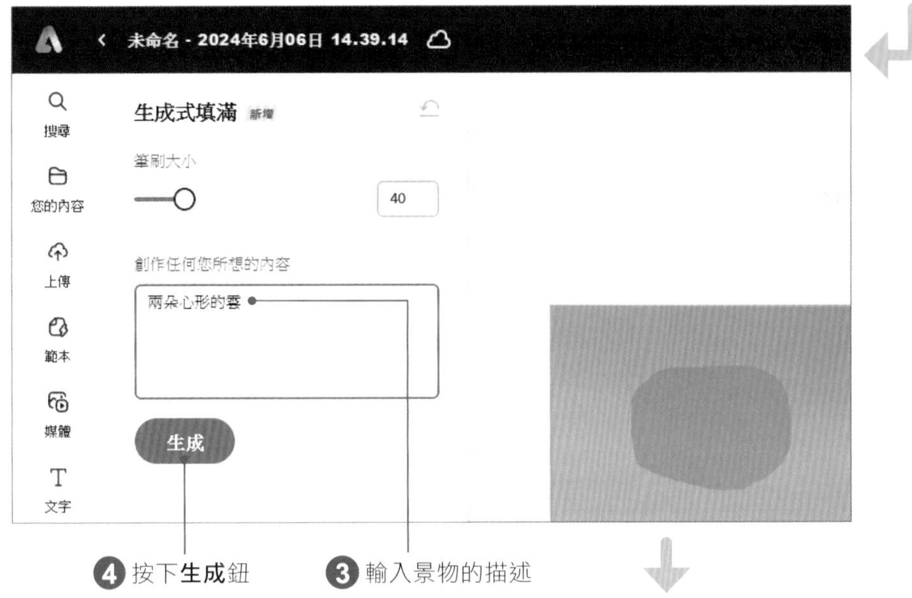

Step 3 接著，我們要繼續增加景物，想在畫面的左方增加一個小水池，同樣用筆刷先塗抹出範圍。

② 輸入「池水」
未命名 - 2024年6月06日 13.39.54
下載
分享
生成式填滿
筆刷大小
40
創作任何您所想的內容
池水
生成
③ 按下生成鈕
28%
搜尋
您的內容
上傳
範本
媒體
文字
元素
拼貼
品牌
附加元件
④ 在此挑選適合的影像
記得按下載鈕，下載生成後的影像
Premium 會員
完成
⑤ 按下完成鈕，結束生成式填滿的操作

Unit

04 用「生成式填滿」快速清除影像中的景物

照片中若有避不開的雜物或遊客，同樣也可以用**生成式填滿**來清除，而且不需要花時間仔細選取範圍，只要用筆刷塗抹就能快速修掉，並且自動填補畫面中的空缺，讓照片完整無瑕。

Before

After

▲ 清除影像中的景物

Step 1 在 Adobe Express 首頁中按下**生成式 AI**，接著在**生成式填滿**區中按下**上傳影像以開始**：

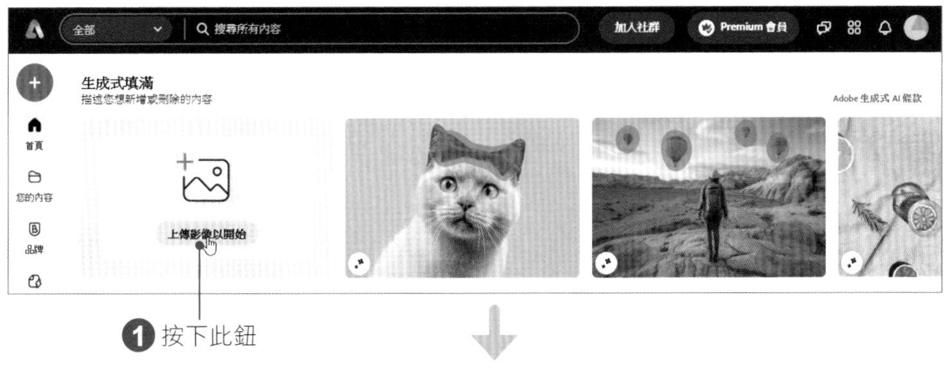

Step 2 進入**生成式填滿**的編輯畫面後，只要用筆刷在想清除的區域塗抹即可。

❶ 用筆刷塗掉這位拍攝者

未命名 - 2024年6月06日 15.23.18

生成式填滿

筆刷大小

40

創作任何您所想的內容

描述您想看見的內容（非必填）

生成

❸ 請將提示留白

❹ 直接按下**生成**鈕

❷ 這裡的雜物也一併用筆刷塗抹

1 秒讓遊客變不見

著名的景點通常遊客都很多，好不容易等到人潮散去才拍攝，但還是有些零星的遊客避不掉。想要移除畫面中的遊客，現在不用進 Photoshop 編修，直接用 Adobe Express 的**生成式填色**就能清除。

▲ 用筆刷在遊客及右側的影子上塗抹，按下**生成**鈕就能清除這些景物了

Unit

05 以文字建立範本

臨時被交辦要製作海報、傳單或是社群貼文，但腦海中完全沒靈感，這時就用 Adobe Express 的**以文字建立範本**來輔助吧！

After

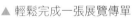

Before

▲ 輕鬆完成一張展覽傳單

Step 1 在 Adobe Express 首頁中按下**生成式 AI**，接著將頁面往下捲動，即會看到**以文字建立範本**。

Step 2 接著會自動產生 4 個範本供你挑選。你可以在左上角選擇範本的尺寸，例如製作 IG 貼文、FB 貼文，或是傳單、海報、卡片。Adobe Express 會依所選擇的輸出目的，自動調整尺寸。也可以上傳自己的影像放到範本中。

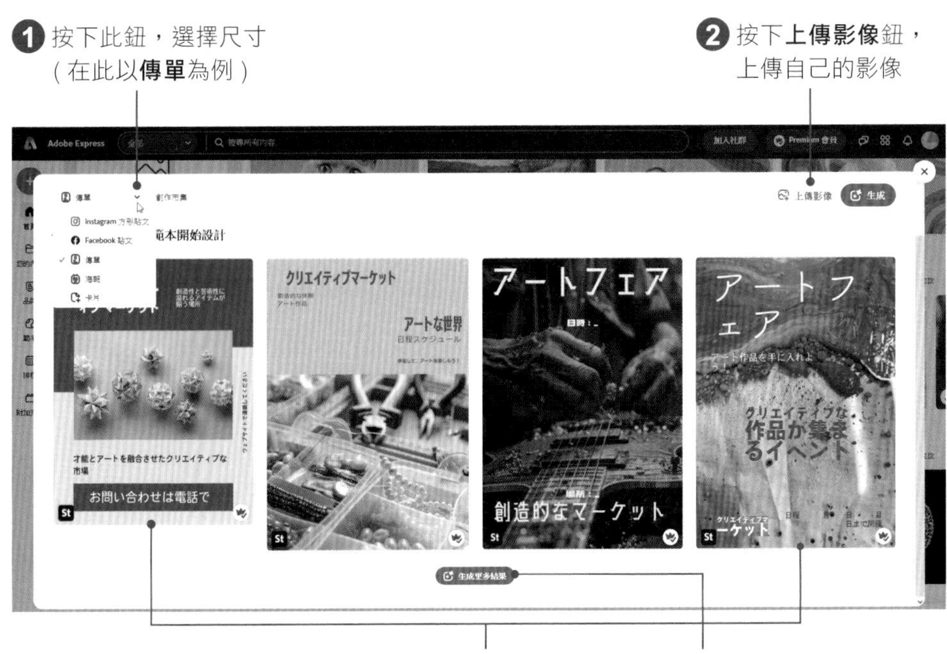

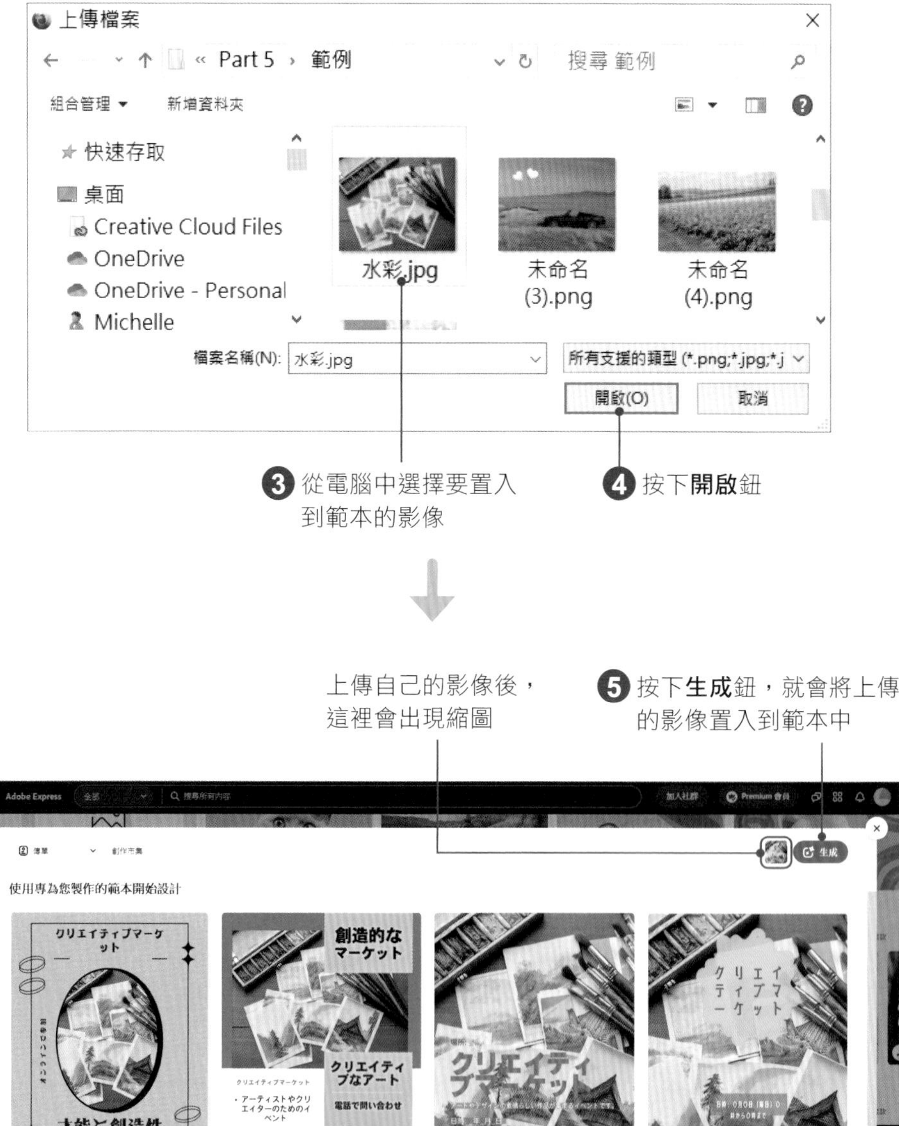
上傳檔案
Part 5 › 範例
搜尋 範例
組合管理
新增資料夾
快速存取
桌面
Creative Cloud Files
OneDrive
OneDrive - Personal
Michelle
水彩.jpg
未命名 (3).png
未命名 (4).png
檔案名稱(N):
水彩.jpg
所有支援的類型 (*.png;*.jpg;*.j
開啟(O)
取消
❸ 從電腦中選擇要置入到範本的影像
❹ 按下**開啟**鈕
上傳自己的影像後，這裡會出現縮圖
❺ 按下**生成**鈕，就會將上傳的影像置入到範本中
Adobe Express
生成
使用專為您製作的範本開始設計
クリエイティブマーケット
才能と創造性
創造的なマーケット
クリエイティブなアート
参加しよう！
ウェブサイトへアクセス
クリエイティブマーケット
生成更多結果
這些範本已置入上傳的影像

找到喜歡的範本後，還可以按下**更多變化**，以這個範本為基礎，繼續產生類似的範本。

❶ 我們挑選這個範本，並按下**更多變化**

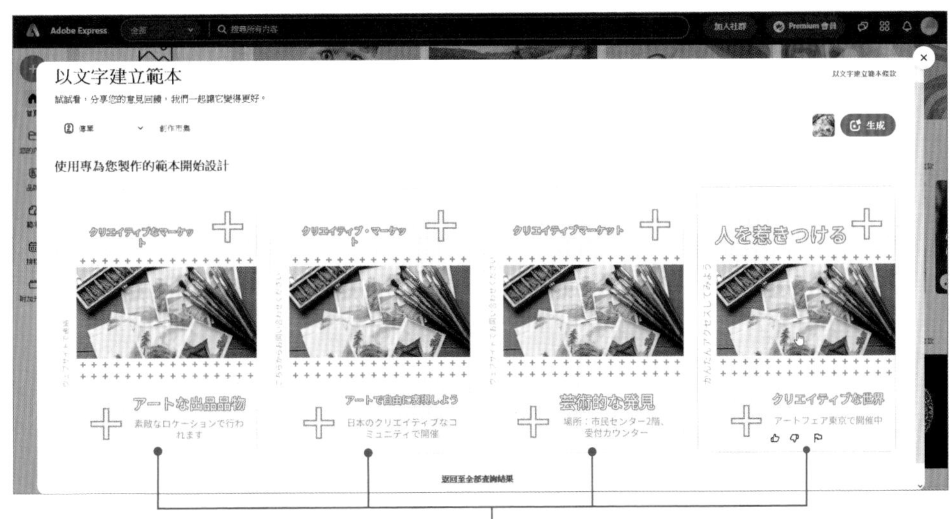

❷ 產生 4 個類似的 Layout，我們點選第 4 個範本做示範

Step 4 進入編輯模式後，可以自行修改文字內容，設定字型、大小、顏色，編輯的方法和先前所介紹的一樣，我們就不多做說明了。

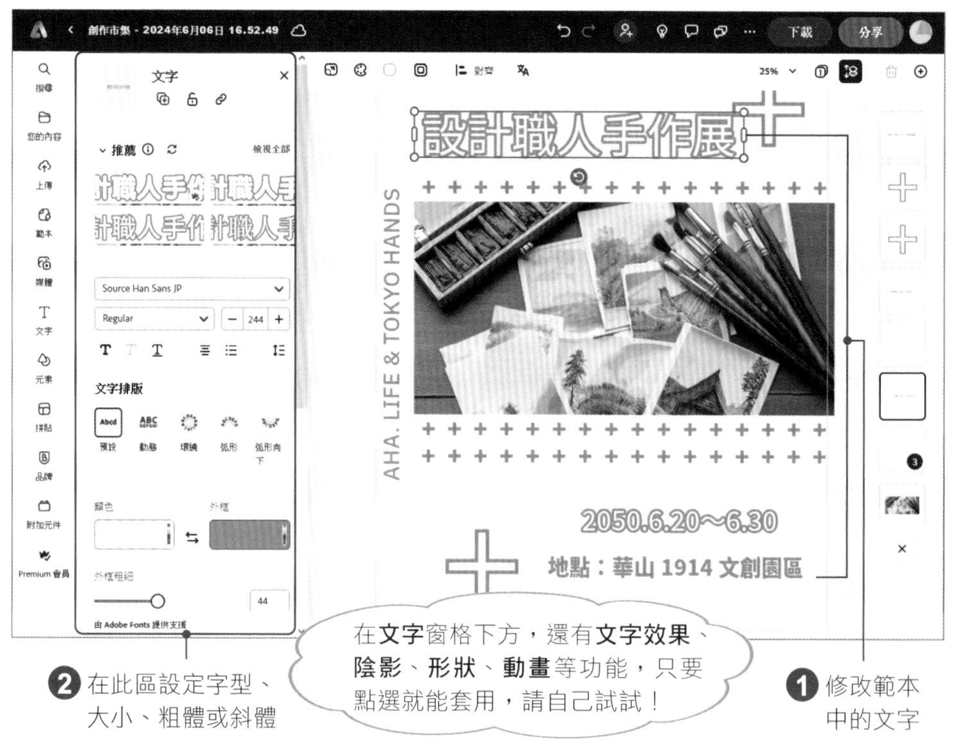

設計職人手作展
AHA. LIFE & TOKYO HANDS
2050.6.20～6.30
地點：華山 1914 文創園區
在**文字**窗格下方，還有**文字效果**、**陰影**、**形狀**、**動畫**等功能，只要點選就能套用，請自己試試！
❶ 修改範本中的文字
❷ 在此區設定字型、大小、粗體或斜體

Step 5 傳單編輯完成，別忘了要下載到電腦，請按下**下載**鈕並選擇要儲存的檔案格式。

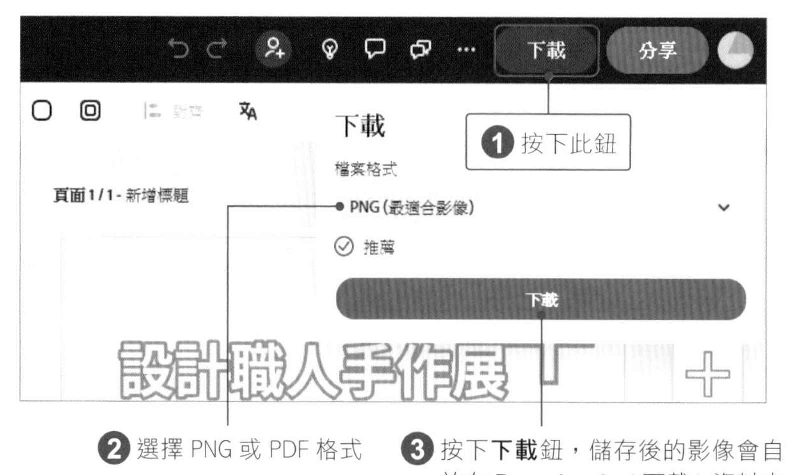

Unit 06

用 Firefly 打造獨特的文字效果

Firefly 的**文字效果**，可以根據你的描述產生各種生動有趣的文字，以往得利用真實材質影像來合成，或是利用 Photoshop 的**圖層樣式**來製作這些效果，現在只要輸入你的想法，就能立即產生披薩、亮片、鑽石、義大利麵、藤蔓、齒輪、…等各種文字效果。

Before

▲ Firefly 的文字效果

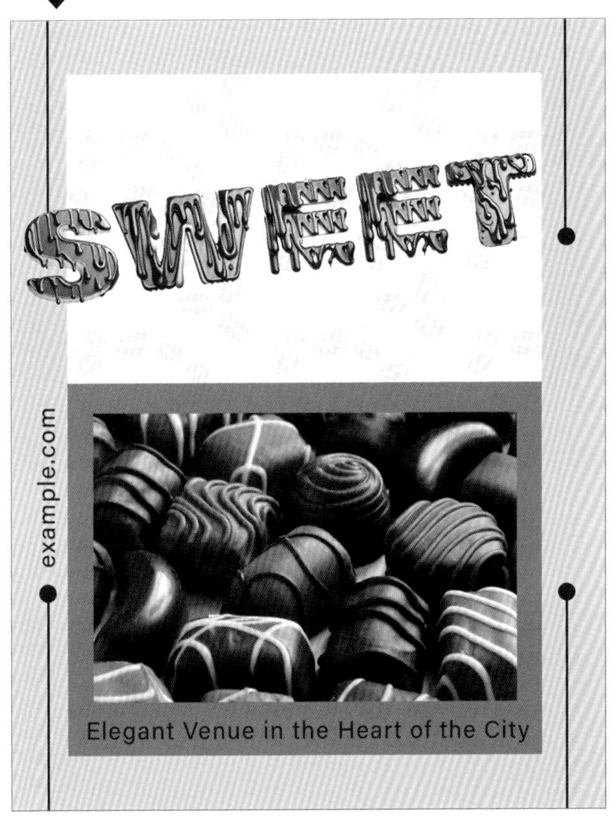

▲ 將製作好的文字效果，與傳單結合

製作文字效果

Step 1 在 Adobe Express 首頁中按下**生成式 AI**，接著將頁面往下捲動，即會看到**文字效果**。

❶ 在空白區域輸入要製作的文字效果 (chocolate，dripping paint)

❷ 按下**生成**鈕

這裡有文字效果範例，將滑鼠移到縮圖上，會顯示**提示文字**，按下縮圖則可套用此效果

Step 2 預設文字為「Make」，在文字上按兩下，即可輸入你要的文字。

範例效果中有許多文字效果，按下**檢視全部**可瀏覽所有的效果，按下縮圖可直接套用效果

❶ 在此雙按可修改文字

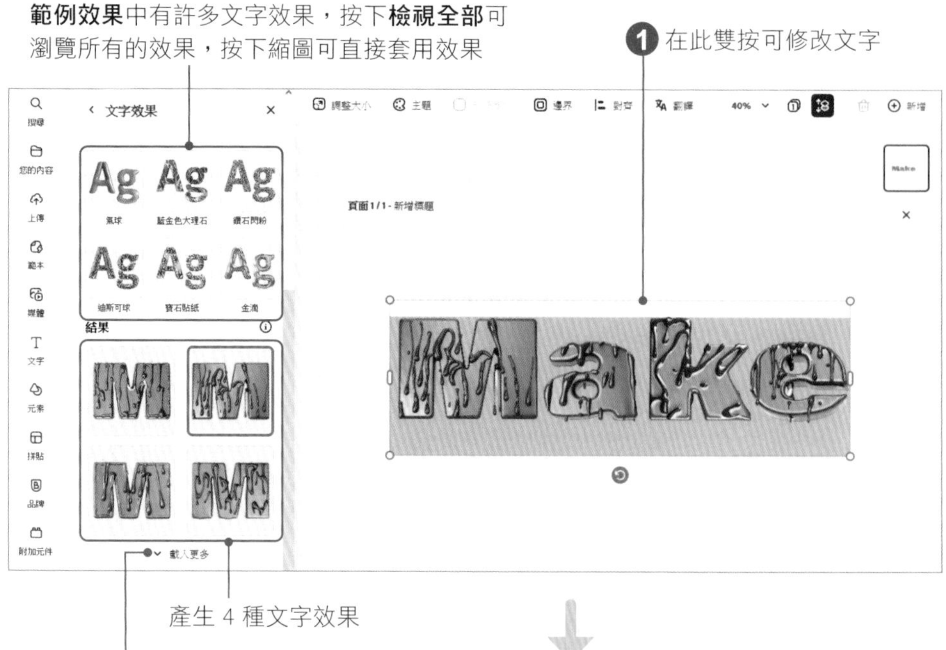

產生 4 種文字效果

按下**載入更多**，可繼續產生更多文字效果

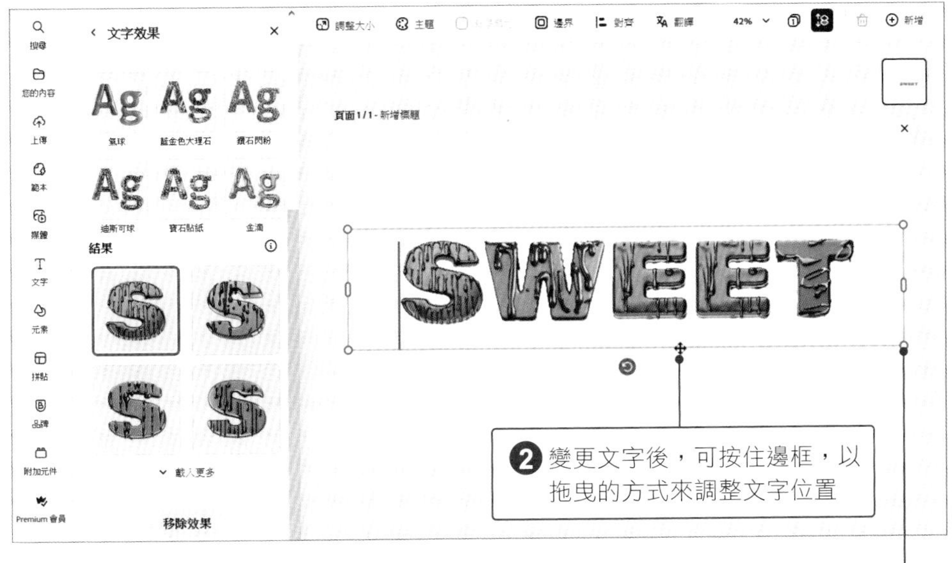

Step 3 如果覺得目前產生的文字效果不理想，還可以選擇不同**樣式**來做變化。

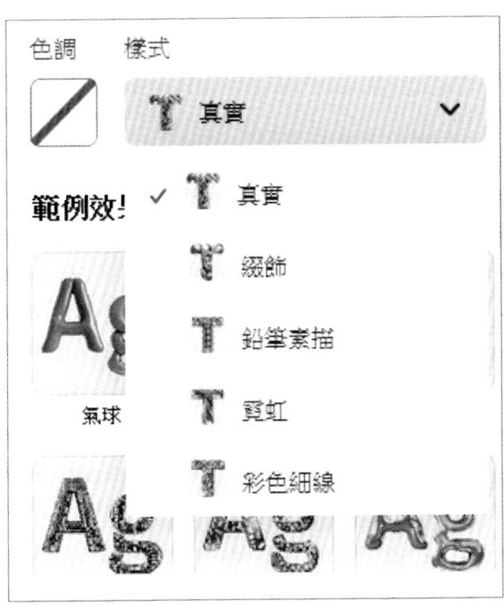

▲ 在**文字**窗格中拉下**樣式**列示窗，有 5 種樣式可選擇

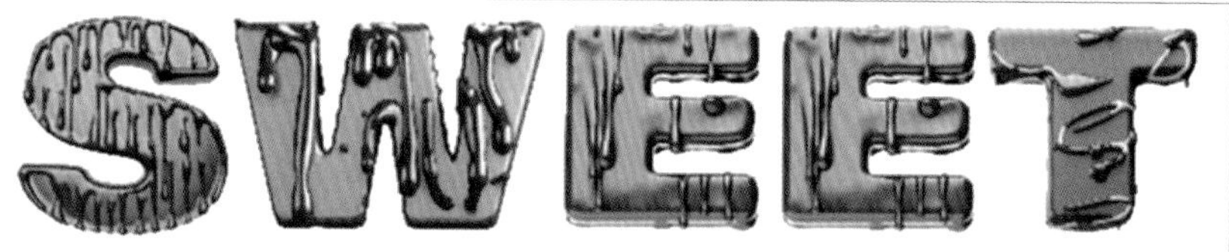

▲ 真實

▲ 綴飾

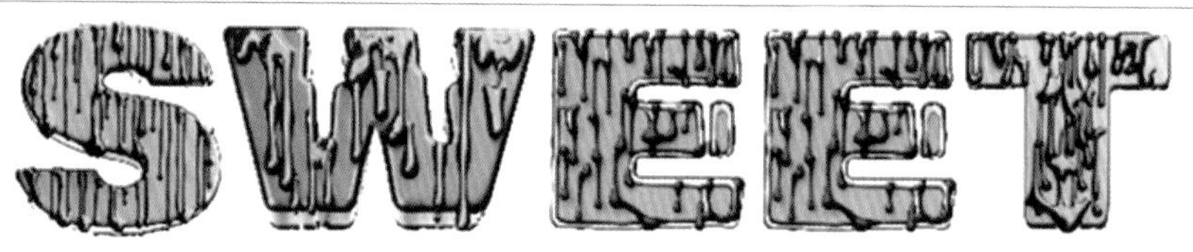

▲ 鉛筆素描

▲ 霓虹

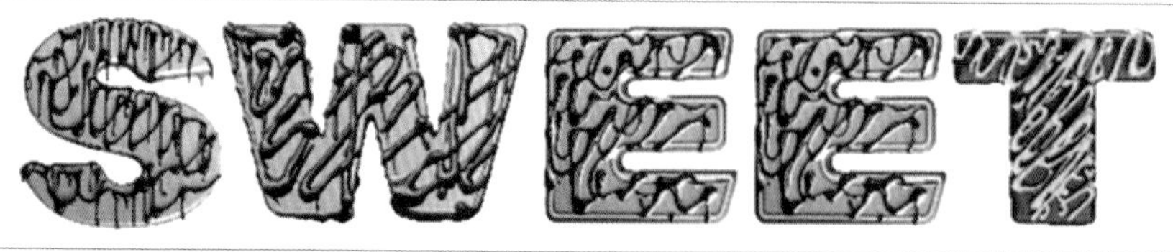

▲ 彩色細線

調整好想要的文字效果後，請按下右上角的**下載**鈕儲存到電腦裡，在此建議儲存為 PNG 格式，以便後續進行去背。

將文字效果與範本結合

製作好文字效果後，你可以與現有的設計稿結合，或是利用 Adobe Express 的範本，製作成傳單、海報、卡片、社群貼文、…等。

首先開啟 Photoshop，我們要替剛才製作好的文字效果去背。你不需辛苦地選取文字，只要按下**相關工作列**的**移除背景**鈕，就可以馬上去除背景。

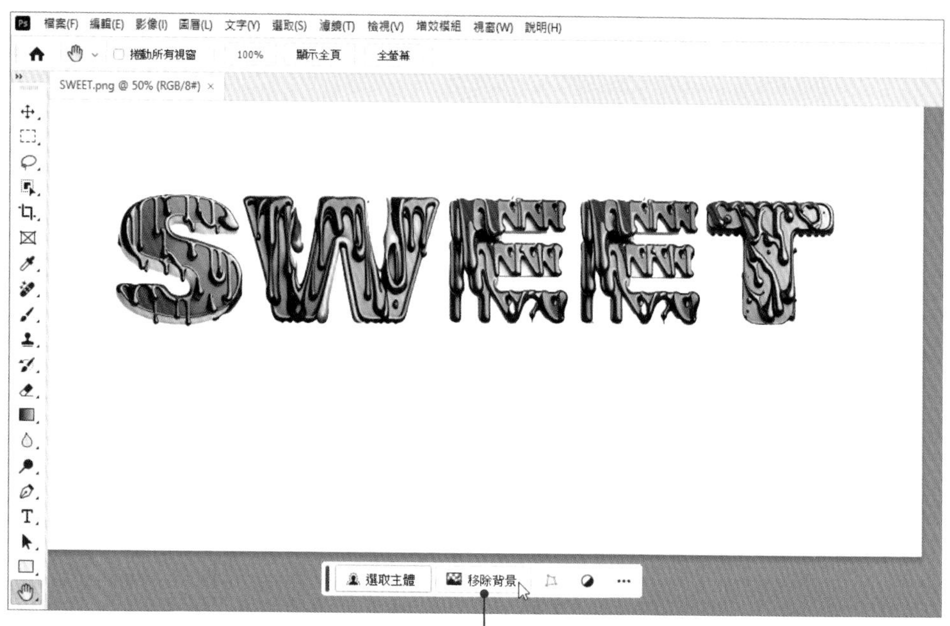

按下**移除背景**鈕

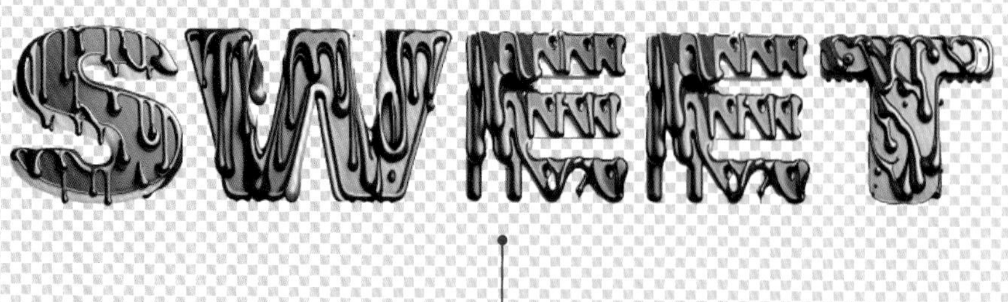

立刻完成去背

執行『**檔案 / 轉存 / 轉存為**』命令，將影像儲存成去背的 png 格式。

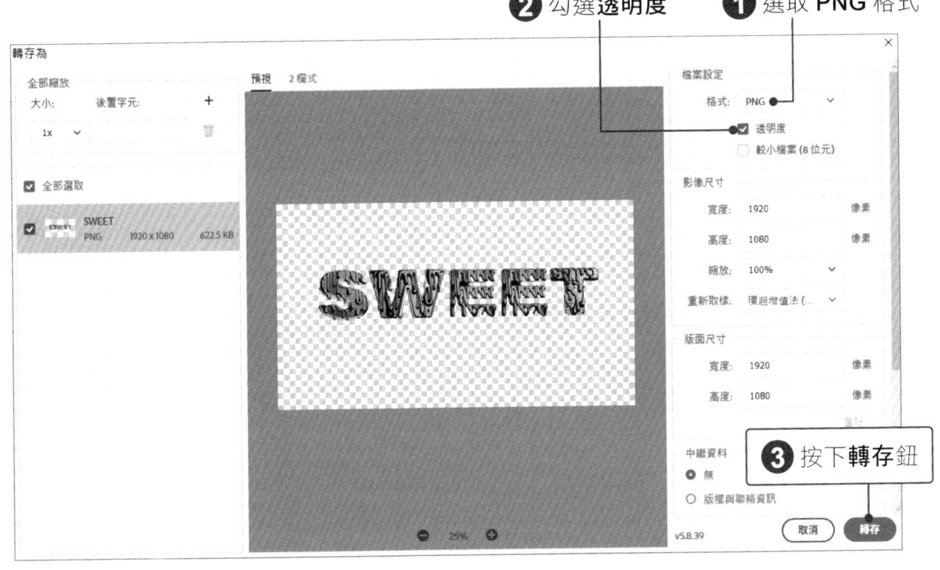
❷ 勾選透明度
❶ 選取 PNG 格式
❸ 按下轉存鈕

Step 3 接著，要將文字效果與範本結合，請在 Adobe Express 首頁中按下**生成式 AI**，將頁面往下捲動，即會看到**以文字建立範本**。

❶ 在空白區域輸入範本的描述，在此輸入「afternoon tea,chocolate」(也可以輸入中文)
❷ 按下生成鈕
❸ 按下上傳影像，上傳剛剛製作好的文字效果
自動產生 4 個範本

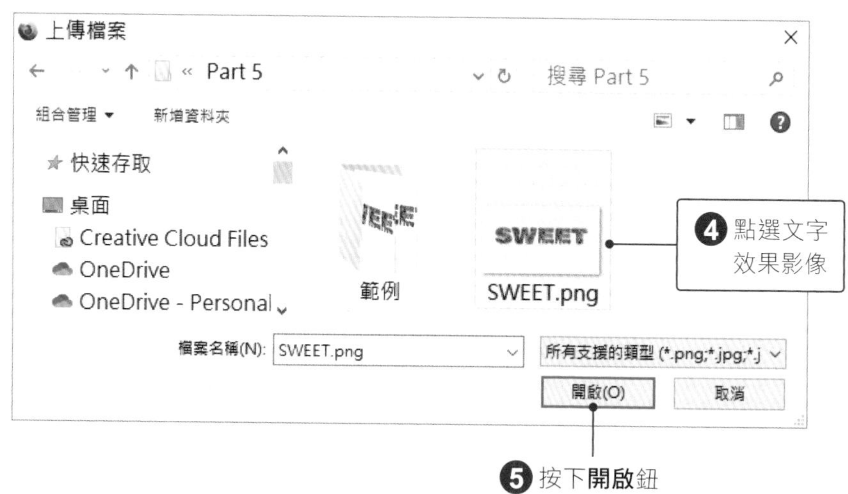

上傳影像後，按下**生成**鈕，生成後的結果就會置入剛才上傳的影像。

範本的上半部已經加入我們上傳的文字效果了，下半部只有文字顯得有點單調，我們要加入一張巧克力的影像。

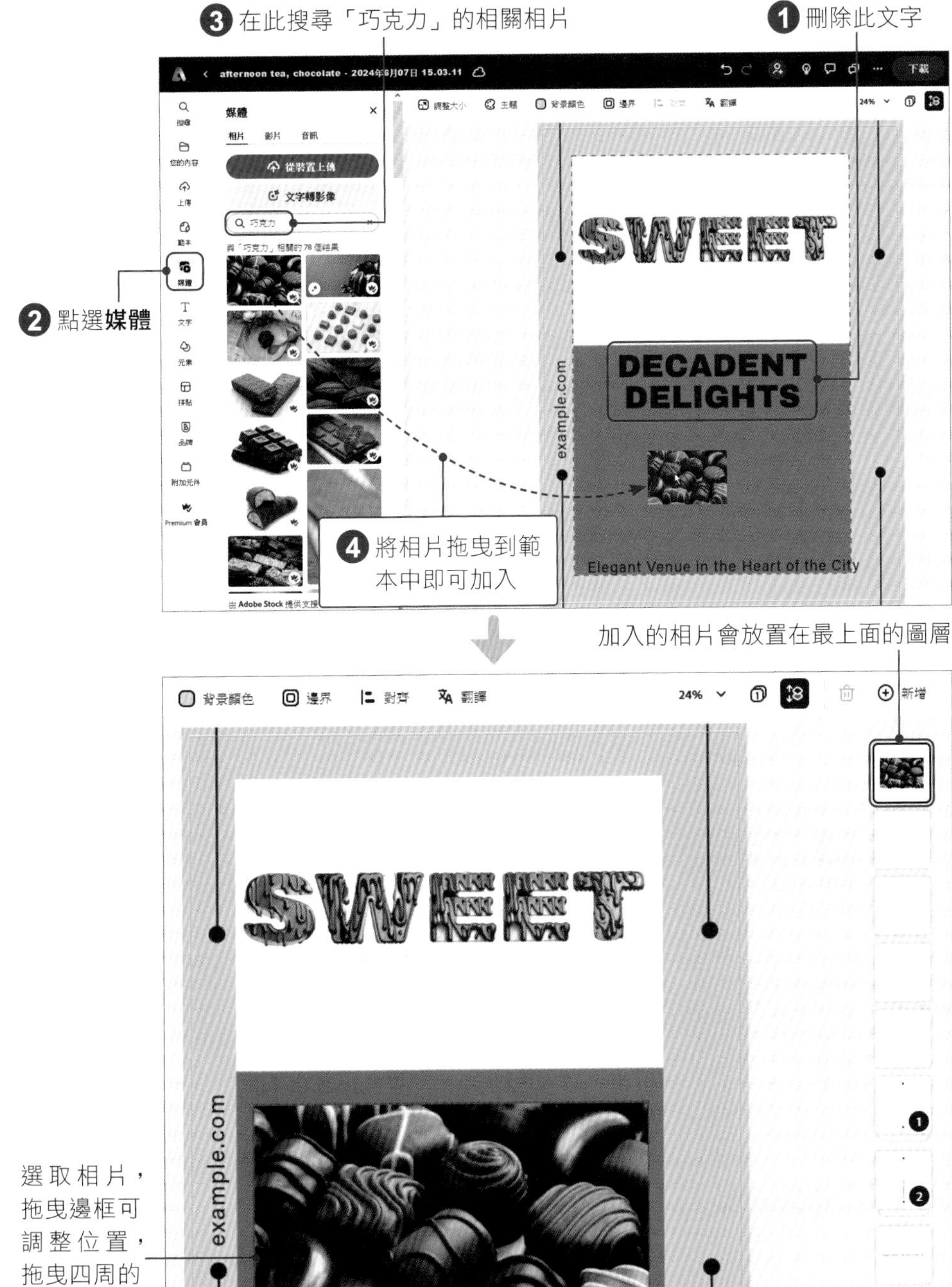
❸ 在此搜尋「巧克力」的相關相片
❶ 刪除此文字
❷ 點選**媒體**
❹ 將相片拖曳到範本中即可加入
加入的相片會放置在最上面的圖層
SWEET
DECADENT DELIGHTS
example.com
Elegant Venue in the Heart of the City
選取相片，拖曳邊框可調整位置，拖曳四周的控點可調整大小

範本編輯完成後，請按下**下載**鈕，儲存到電腦中。

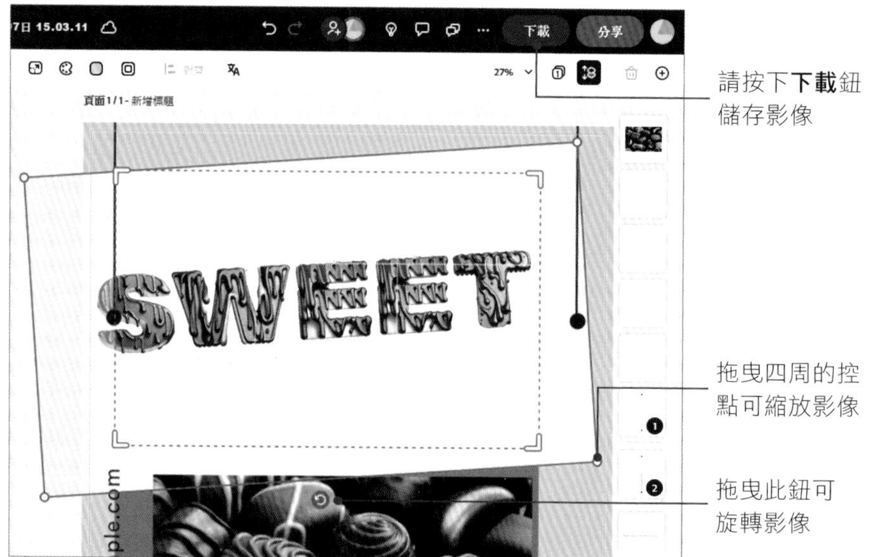

最後，我們將第 4 章製作的可可豆圖案打淡 (不透明度 20%)，放在 SWEET 文字效果的下方，讓白色矩形不會過於單調